CONTENTS

Special Section 虛擬實境玩創意

VIRTUAL REALITY 26

封面故事:
NASA噴氣推進實驗室期望應用VR科技打造下一臺火星探測車
(封面插圖:維克多・庫恩)。

Google, James Burke

SKILL
BUILDER

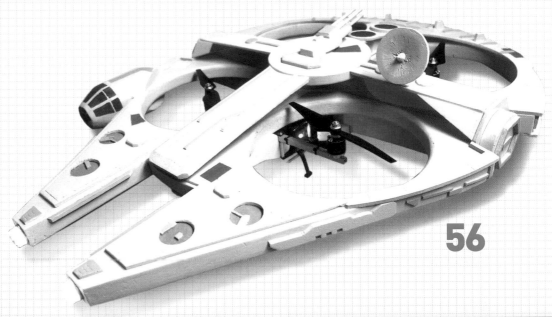

56

28

34

Hep Svadja

國家圖書館出版品預行編目資料

Make：國際中文版／ MAKER MEDIA 編.
-- 初版 . -- 臺北市：泰電電業，2017. 01　冊；公分
ISBN：978-986-405-035-2　（第 27 冊：平裝）
1. 生活科技
400　　　　　　　　　　　　　　　　　105002449

EXECUTIVE CHAIRMAN
Dale Dougherty
dale@makermedia.com

CEO
Gregg Brockway
gregg@makermedia.com

*

CFO
Todd Sotkiewicz
todd@makermedia.com

CHIEF CONTENT OFFICER
Deanna Brown
deanna@makermedia.com

*

EDITORIAL
EXECUTIVE EDITOR
Mike Senese
mike@makermedia.com

PRODUCTION MANAGER
Elise Byrne

SENIOR EDITOR
Caleb Kraft
caleb@makermedia.com

TECHNICAL EDITOR
Jordan Bunker

ASSISTANT EDITOR
Sophia Smith

COPY EDITOR
Laurie Barton

EDITORIAL ASSISTANT
Craig Couden

EDITORIAL INTERN
Lisa Martin

MAKER MEDIA LAB
PROJECTS EDITORS
Keith Hammond
khammond@makermedia.com
Donald Bell
donald@makermedia.com

LAB COORDINATOR
Emily Coker

LAB INTERNS
Anthony Lam
Jenny Ching

**DESIGN,
PHOTOGRAPHY
& VIDEO**
ART DIRECTOR
Juliann Brown

DESIGNER
Jim Burke

PHOTO EDITOR
Hep Svadja

**HEAD OF PRODUCTION,
VIDEO CONTENT**
Kelli Townley

SENIOR VIDEO PRODUCER
Tyler Winegarner

VIDEOGRAPHER
**Nat Wilson-
Heckathorn**

MAKEZINE.COM
DESIGN TEAM
Beate Fritsch
Eric Argel

WEB DEVELOPMENT TEAM
Clair Whitmer
David Beauchamp
Rich Haynie
Bill Olson
Ben Sanders
Alicia Williams
Wesley Wilson
Loren Johnson

國際中文版譯者

Madison：2010年開始兼職筆譯生涯，專長領域是自然、科普與行銷。

呂紹柔：國立臺灣師範大學英語所，自由譯者，愛貓，愛游泳，愛臺灣師大棒球隊，愛四處走跳玩耍曬太陽。

孟令函：畢業於師大英語系，現就讀於師大翻譯所碩士班。喜歡音樂、電影、閱讀、閒晃，也喜歡跟三隻貓室友說話。

屠建明：目前為全職譯者。身為愛丁堡大學的文學畢業生，深陷小說、戲劇的世界，但也曾主修電機，對任何科技新知都有濃烈的興趣。

張婉秦：蘇格蘭史崔克萊大學國際行銷碩士，輔大影像傳播系學士，一直在媒體與行銷界打滾，喜歡學語言，對新奇的東西毫無抵抗能力。

敦敦：兼職中英日譯者，有口譯經驗，喜歡不同語言間的文字轉換過程。

潘榮美：國立政治大學英國語文學系畢業，曾任網路雜誌記者、展場口譯、演員等，並涉足劇場、音樂、廣播與文學界。現為英語教師及譯者。

謝明珊：臺灣大學政治系國際關係組碩士。專職翻譯雜誌、電影、電視，並樂在其中，深信人就是要做自己喜歡的事。

劉允中：畢業於臺灣大學心理學研究所，從事科技、教育、商業類文字翻譯，譯有《用Excel打造超強工作技能》、合譯有《動手玩科學》等書。

Make：國際中文版27
（Make：Volume 52）

編者：MAKER MEDIA
總編輯：顏妤安
主編：井楷涵
編輯：鄭宇晴
特約編輯：周均健、謝瑩霖、劉盈孜
版面構成：陳佩娟
部門經理：李幸秋
行銷主任：江玉麟
行銷企劃：李思萱、鄧語薇、楊育昀、宋怡箴
出版：泰電電業股份有限公司
地址：臺北市中正區博愛路76號8樓
電話：（02）2381-1180
傳真：（02）2314-3621
劃撥帳號：1942-3543 泰電電業股份有限公司
網站：http://www.makezine.com.tw
總經銷：時報文化出版企業股份有限公司
電話：（02）2306-6842
地址：桃園縣龜山鄉萬壽路2段351號
印刷：時報文化出版企業股份有限公司
ISBN：978-986-405-035-2
2017年1月初版　定價260元

版權所有·翻印必究（Printed in Taiwan）
◎本書如有缺頁、破損、裝訂錯誤，請寄回本公司更換

**Vol.28
2017/3
預定發行**

www.makezine.com.tw更新中！

下列網址提供本書之注釋、勘誤表與訂正等資訊。　makezine.com.tw/magazine-collate.html

嵌入式科技
國際中文版

circuit cellar 嵌入式科技 No.4
2016.12-2017.01 國際中文版

特報 1 來趟 TI TM4C 微控制器初體驗之旅
特報 2 IC 晶片設計基本原理
特報 3 ARM 類比示波器自造指南

物聯網安全攻防熱點
功耗分析攻擊技法大公開

社群人物
○ 車聯網專訪：專訪資策會智通所副所長巫祖芳
○ 智慧城市專訪：專訪巴塞隆納數位自造實驗室
工程師 Diez & Camprodon

《Circuit Cellar 嵌入式科技　國際中文版》是當前唯一一本會以實作專案的報導方式，深入剖析如何運用各種嵌入式開發、資料擷取、類比、通訊、網路連接、程式設計、測量與感測器、可程式邏輯等技術，並整合搭配物聯網、節能減碳、資訊安全等趨勢議題的技能與竅訣。

嵌入式玩家、創客與專家，可以從中了解各種新興嵌入式技術靈活搭配與整合的技巧，長此以往必能培養出開發各種實用智慧應用的驚人能耐與超強實力。

多元主題

每期 1 個封面故事、4 個特別報導
涵蓋技術、新趨、實作的多元化專欄
熟練各種嵌入式軟硬技術的實作寶典

智慧應用

親手打造專屬遠端健康照護系統
運用物聯網迎接未來智慧生活
結合穿戴式科技讓家人、嬰兒及寵物更安全

單本售價 280 元　**一年 6 期**　超值優惠價 **1260** 元

金石堂、博客來、誠品及其他書店均有販售

James Burke

Fairely Innovative Future 「Faire」一個創新未來

文：麥克·西尼斯（《MAKE》雜誌主編）　譯：劉允中

2006年，我參加了第一場Maker Faire，對於眼前所見的自製專題展感到驚奇不已，展場裡有替代能源載具、遠距親臨機器人（Telepresence robot）、電子時尚展，還有噴射出熊熊火焰的救火車——這些讓人振奮的專題現在在主流市場也隨處可見（救火車除外，但我還沒有放棄希望），而每一類專題的背後，都意味著一個獨特、專業且開放的社群。

身為Maker Faire這場盛事的主辦單位，最開心的事情莫過於發現新專題、新團體，並看著他們逐漸進步。有時候，他們成長的速度令人訝異。舉個例子來說，就在那年的Maker Faire，我看到一張桌子上展示著以螺桿與金屬條製作的A字形框架，上頭還有個支撐類似填隙槍東西的裝置。在我開口問這是什麼時，專題製作者正在旁邊忙著用筆記型電腦調整裝置設定。他回答道，這是「加法製造機」（additive fabricator）——我之前完全沒有聽過這個詞。在隔年的Maker Faire 2007上，我注意到有更多攤位與Maker展示了他們的RepRap加法製造機。2009年，MakerBot打造並發表了他們的第一個桌上型3D印表機套件；四年後，幾乎每個攤位上都有MakerBot出品的3D印表機；而一個月後，MakerBot公司就以5億美元的高價被收購了。

我們也在無人機還有原型開發板上看到了類似的過程，現在蓄勢待發的可能是生物駭客（biohacking）與VR虛擬實境。我們並沒有創造這些社群，也絲毫不敢居功——這一切可都說是Maker自己的成果！但是，我們非常高興可以舉辦這樣的活動，讓各式各樣的團體齊聚一堂，歡慶大家的開放心胸及對分享的喜悅。

在這一期的《MAKE》雜誌，我們將焦點放在正在迅速發展的VR領域。這個領域目前最頂尖的兩項裝置，Oculus Rift與HTC Vive在設計時都藉助了Maker的工具和精神。除了第一手採訪HTC Vive的幕後設計團隊Valve外，我們也將介紹一些業餘玩家根據這些精美產品所製作的的VR周邊配件，以及用來在虛擬實境中設計你下一個的軟體。就像CAD軟體可以用於打造實體產品，這些新工具可以透過各種方式拓展我們的創意輸出選項，而且這一切都還只是開始而已。

另外，我們在本期中加入了新的〈Show & Tell〉企劃（見P.12），如同我們的活動，這可說是Maker社群的傳聲筒。在〈Show & Tell〉專欄中，我們希望給大家更多機會分享專題，歡迎大家到makezine.com/contribute上分享你的專題照片（半成品也無妨）*，你就有機會登上之後的《MAKE》雜誌喔！ ◐

*中文編輯部註：歡迎國際中文版讀者來信至editor@makezine.com.tw分享您的作品。

MADE ON EARTH

中空
本田重機

JONATHANBRAND.COM

藝術家強納森・布蘭德（Jonathan Brand）實現了擁有一輛重機的夢想，但這輛機車可能跟他當初想像的有點不一樣。

布蘭德用初版Ultimaker 3D印表機和18捲3mm透明PLA線材設計並列印出一輛全尺寸的重機模型。

「住在布魯克林的時候，我一直在尋覓一輛1972年版的本田CB500重機。我很想要買一輛，但它對我來說其實完全不實用，而我也幾乎不可能真的擁有。」

他的模型是根據一輛從網路上購買的本田重機來設計，零件以Rhino3D軟體掃描或是從TurboSquid等網站下載。「最後我把大部分的模型都重新繪製過，確保所有零件都能相容，而且可以用3D列印無懈可擊地列印出來。」他說道。

這輛機車模型的零件厚約1mm，非常脆弱，布蘭德花好幾個小時將它們仔細熔接完成。在展場之間運送這件模型並不容易，但由於藉助了「博物館級泡綿和超豪華貨箱」，布蘭德說這輛重機可能比他所想的更堅固。

——克莉絲塔・波耶

Jonathan Brand

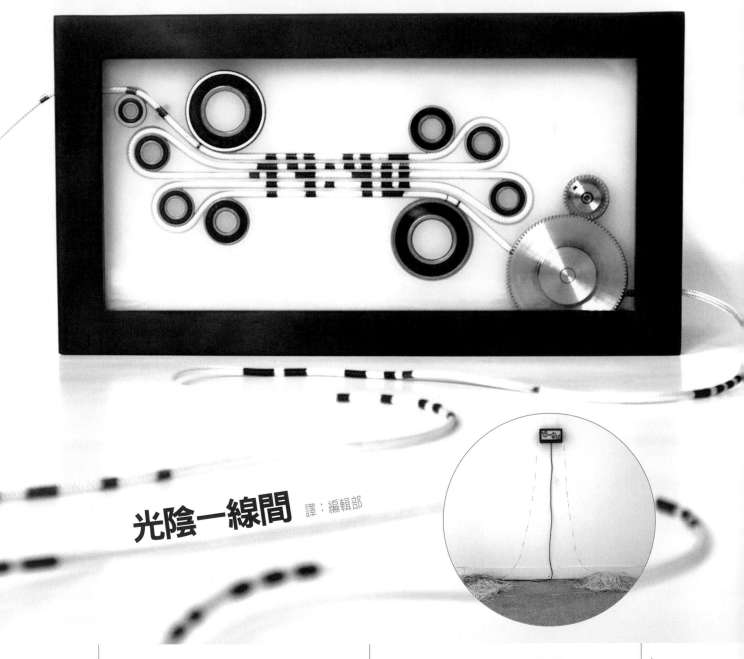

光陰一線間 譯：編輯部

在研究過各種非典型的報時方法後，德國藝術家菲力克斯・沃海特（Felix Vorreiter）決定要以繩子打造自己獨特的掛鐘。這個一開始被認為不會成功的方法，使用了一條長長的細繩子，捲繞成五條線後持續被抽拉移動。每隔1分鐘，繩子上的黑色塗料就會「編碼」成數字來顯示時間。

為了在正確的位置塗上黑色塗料，沃海特先在Adobe Illustrator上寫了一個腳本（script）來生成遮色片，然後印在自黏金屬箔上做為樣板。即使有了別人的幫忙，他仍然花了一整天在繩子上塗色。沃海特表示，這條繩子需要0.7英里（約1.13公里）長，才能完整顯示一天內1440分鐘的時間。

為了讓掛鐘運轉，沃海特使用一塊以Arduino為基礎的控制板來控制抽拉繩子的馬達，讓繩子停在正確的位置上。嵌入繩子裡的裝置也可以確保黑色塗料對齊。這個掛鐘的繩子每秒鐘都會移動一下，和傳統時鐘一樣。

——傑瑞米・庫克、蘿拉・寇芮妮

電漿劇場

雕：簡建明

AARONRISTAU.COM

你看過尼古拉‧特斯拉（Nikola Tesla）在一百年前無線點亮燈泡的照片嗎？有兩名來自科羅拉多州的藝術家以這個令人驚艷的經典實驗做為靈感，打造出千變萬化的鮮明色彩。喬‧帕沃斯基（Joe Pawelski）負責製作特斯拉線圈，而亞倫‧里斯托（Aaron Ristau）則提供各種色彩，包含他蒐集的老式商用燈管和自己手工製作、充滿曲線的惰性氣體燈管。位於中心的美麗雕塑則是里斯托製作燈泡藝術過程中的副產品。

里斯托自2011年開始和玻璃車床作業員合作，製造可以密封惰性氣體（尤其是氖、氬和氙）的雕塑。他想要燈泡如那些做工精細、可運作數十年的20世紀霓虹招牌般耐用。

和特斯拉最初的照片一樣，里斯托的幾十顆充氣燈泡都只用帕沃斯基的特斯拉線圈來通電。里斯托把這次和帕沃斯基合作視為一項表演藝術，在北科羅拉多的Mini Maker Faire上約每5分鐘進行15到20秒的演出。這是因為他們不想讓參觀的民眾吸到太多臭氧！

——蜜雪兒‧胡勒賓卡

Alanna Break

SHOW&TELL

譯：屠建明

各方Maker最新創作的精采專題

從會游泳的機器人到電致發光汽車，
分享和觀摩其他人的專題
也是自造的一大樂趣。

1. 「宇宙之舞」是尼克・東（Nick Dong）創作的動態雕塑，結合馬達和磁鐵來呈現迷人的舞步。

2. **布萊恩・羅**（Brian Roe）的「機器人羅伊」完全採用雷射切割合板和48個模型用伺服馬達組成，透過Arduino以行動裝置控制。

3. 3 把一輛2004年的本田Civic塞滿雜物、回收鋼和貨真價實的垃圾，就是**底特律**（Detroitus）的「蟑螂車」（CarCroach）了。

4. Cal Poly水下遙控機器人團隊的「紅鬍子船長」**安德魯・哈斯勒**（Andrew Hostler）和他們的機器人賽巴斯汀（Sebastian）一起游泳。賽巴斯汀最近掌握了複雜的向量游泳設定。

5. **Obscura多媒體科技公司**（Obscura Digital）和海洋保護協會（the Ocean Preservation Society）合作，改造了這輛特斯拉Model S，加上電致發光的塗裝。

6. **瘋猴燈**（MonkeyLectric）團隊開發了這組在旋轉輪輻上呈現8位元訂製圖案的自行車燈光，讓騎自行車更安全，也更酷。

7. **喬艾爾・德利姆**（Joel Dream）的作品「共鳴與混沌之肖像」（Portrait of Resonance and Chaos）由巨大的鐘擺組成，在旋轉的同時被即時錄影，再投影回鐘擺上。

8. **泰隆・海森**（Tyrone Hazen）的「爐邊音響」（Fireside Audiobox）讓一排火焰和你挑選的歌曲同步起舞。

9. **萊恩・赫辛克**（Ryon Gesink）和他的金屬巨作「摩洛」（Moloch）合照。

10. **約舒亞・沙科特**（Joshua Schachter）的Marky Mk2白板機器人一筆就能畫出蒙娜麗莎。

11. **日本機器人設計公司**Brave Robotics打造了這臺會走動的變形金剛，高約4英尺，可以變形成一輛遙控車。

12. **太空失物招領**（Lost & Found in Space）是一架次軌道太空船，會施放微型的密布感測器來蒐集資料並回傳資料到地面。

13. **徐成**（Cheng Xu，音譯）的Knappa Tutu用IKEA的燈具和Adafruit的光帶改造而成，會隨著身體移動而發光。

14. **琶醯卡・古普塔・沙瓦亞**（Priyanka Gupta Sarvaiya）隨心所欲地彎折紙條，為Just Love Crafts創作美麗的捲紙藝術作品。

5

6

7

8

11

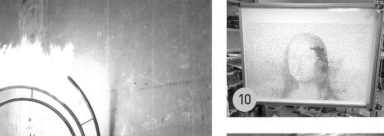

9

10

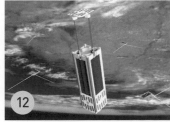

12

13

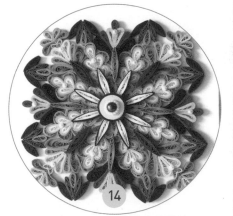

14

Nick Dong, David Goebel, Doyle Huge, Jonathan Lokos, Andrew Eckmann, Phillip Yip, Joel Dream, Charlie Thiel, Shannon Corr, Joshua Schachter, Hiroshi Kohno, Andrew Filo, Lulin Ding, Priyanka Gupta Sarvaiya

你正在進行哪些專題呢？一起來makezine.com/contribute和大家分享吧！

Laser FOCUS

雷射焦點

奈森・赫斯特
Nathan Hurst
是舊金山的自由記者，報導科學、科技和戶外活動等主題。

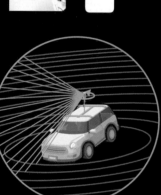

文：奈森・赫斯特 譯：Madison

隨著價格下跌，
光學雷達逐漸成為
自主機器人視覺的必備工具

如果你過去一年住在地球上的話，一定聽人談過自動駕駛車。如果你留意過這個話題，可能會聽說過Google早期無人駕駛車的一組光學雷達就要價70,000美元。這個價格一般家庭買車都會嫌貴，更別說是用在業餘愛好者的專題上了。

光學雷達過去是遙測空載雷射測距技術（Light Detection And Ranging，LiDAR）的縮寫，簡言之就是光線雷達。顧名思義，光學雷達發出雷射光照射物體，透過偵測物體反彈的光線測量物體距離。光學雷達是自動駕駛車進行物體偵測的關鍵技術。但先別管汽車了，你聽過高爾夫球車嗎？

加拿大滑鐵盧大學機械系學生亞力克斯·羅德里格斯（Alex Rodrigues）、麥可·史庫皮恩（Michael Skupien）和布蘭登·默克（Brandon Moak）打造了一臺自駕高爾夫球車，使用的感測器就是一組全新的Velodyne VLP-16光學雷達裝置，別名「冰球」（Puck），價格為8,000美元。

他們三人獲得35,000美元的天使資金後從滑鐵盧大學休學，進入矽谷育成中心YCombinator。他們成立Varden Labs，並剛完成一輪募資和一次自動接駁車的實驗成果展示，將觀賽VIP貴賓們載往沙加緬度國王隊的比賽會場。

並不能說是光學雷達讓自動駕駛變得更簡單，但羅德里格斯表示，只要克服一些挑戰，問題就會比較容易解決。

「我們有意識地將問題加上很多限制，想要打造全能的自動駕駛車，要在所有地點、所有時間都可以運作，這很困難。不過如果是打造有用的運輸工具的話，就不需要那麼困難。所以我們以校園中的接駁服務為目標。」這意味著自動車的速度可以放慢，環境也因素比較好控制，像是大學或退休社區，將範圍限制在私人土地內可減少需處理的規範。

改變中的生態

Varden Labs只是許多研究自駕高爾夫球車的新創團隊之一，更多團隊投入光學雷達電腦視覺與控制等其他應用，他們的共通點是不以大型、昂貴為目標。對

捕捉路徑

將一組像Velodyne這類的多重雷射光學雷達裝置，靜止設置在某一定點時，可以快速擷取當地的3D環境。愈高階的光學雷達，雷射光束愈多，蒐集的資料量也愈多，可以產生更精確的3D環境影像。不過，當光學雷達開始移動，擷取的資料會重疊而無法解析。更精密的系統會加入GPS等定位工具克服這個問題。有些高科技公司的定位車會將GPS結合光學雷達，追蹤每個光學雷達資料點的實際位置，用雷射「畫」出路線。光學雷達資料點加上位置資訊，可以產生接近無限大的3D點雲，可做各種應用，像是提供自動駕駛車精細的道路資訊。

Maker來說，這項科技愈來愈容易取得；而另一方面，Maker也讓光學雷達變得愈來愈平價、親民。

高爾夫球車就談到這裡。接下來解決其他問題。割草機怎麼樣呢？

「我們試著讓它比一般割草機更厲害。」Ardumower計劃的五位成員之一亞歷山大·古洛（Alexander Grau）說。Ardumower是一臺以Arduino操控的DIY自動割草機。

「如果你只要一般水準的效能和功能，那就買一般的割草機就好。如果想要一臺特別的割草機，只能自己動手做。」

聽起來就是用在草皮上的掃地機器人？

沒那麼簡單。掃地機器人（有些也是使用光學雷達）有些優勢：（幾乎）不用在陽光直射的地方運作、不用上下坡、環境變動不大。如果將掃地機器人拿到戶外，再加上刀片，就會發現問題很多。

「如果你有一塊平坦的地面，像是家中房間，它可以運作無礙。」古洛說，「但戶外很困難，因為地面不平，有時候接收到來自地面的資料，軟體會誤判著障礙物，但其實只是地面而已。」

古洛很清楚。他是位電腦科學家，開發Ardumower的過程中不斷試著解決這些問題。古洛說，你可以買臺自動割草機，但一般的自動割草機必須靠線拉著才能不跑到範圍外，光學雷達似乎是更好的選項。

光學雷達的原理不困難，但是它基本上只會給你一種資訊：在某個距離外有東西，你無法知道多寬或多高、是否在移動、方向為何或其他狀況。一個人、一道牆或一張椅子對光學雷達來說完全一樣，如果椅子高度足以被雷射掃到的話。要讓光學雷達更有用，必須在一段時間內進行多次測量。這有許多方法可以做到。

最簡單的方式是將光學雷達固定在一個旋轉裝置上後讓它四處移動，這樣每次旋轉都可以獲得360°的資料。古洛從PulsedLight買了一臺115美元的Lidar-Lite單點感測器，固定在一臺3D列印出的平臺上，再裝上一顆DC馬達。軟體方面，古洛使用了機器人作業系統（Robotics Operating System，ROS）的開源hector_slam程式碼（同步定位與

地圖構建），成功取得光學雷達資料的視覺地圖讓割草機判讀。

但到最後，這套裝置給了Ardumower太多資料，Arduino無法處理，尤其是地形造成的3D訊號干擾。更貴的感測器通常需要更強的處理器（好比說，羅德里格斯的Velodyne高爾夫球車需要就一臺桌上型電腦的運算能力）。

更精細的資料

古洛的專案和一個叫做Sweep的裝置很像。Sweep是兩人公司Scanse開發的小型旋轉光學雷達掃描器，也同樣使用Lidar-Lite光學雷達，在Kickstarter上獲得273,000美元的募資。

Scanse創辦人肯特·威廉斯（Kent Williams）和泰森·美蘇里（Tyson Messori）在開始開發光學雷達機器人前是機器人顧問。

「我們發現，沒有光學雷達基本上無法開發任何戶外自主運動裝置。」威廉斯說，「目前感測器的價格太高了。」在Kickstarter上募資前，他們花了兩年時間設計Sweep。有了Kickstarter成功募集的資金，加上Rothenberg Venture創投旗下的River加速器挹注的250,000美元，Sweep已經進入生產階段。

這臺裝置的大小近似鮪魚罐頭，看起來像一顆兩眼不對稱的頭，預購價為255美元（是Velodyne最便宜的產品的1/30）。作業系統也是ROS，可接收40公尺以外的資料，也能安裝在無人機或機器人上。裡頭的Lidar-Lite會發出一連串的雷射微脈衝，並由接收器辨識這些脈衝，這意味著能更容易從環境噪音中抽出信號，所需的運算能力較少，形成的圖像也較清晰。感測器位於一無刷馬達上，威廉斯和美蘇里也開發了一組「球形掃描工具組」，將光學雷達固定在伺服機上與無刷馬達呈90°，就可以記錄下三維的資料。

古洛為自己設計了另一套更完整的3D視覺光學雷達，再多加一顆馬達。不過兩者同樣受到幀率的限制；就算以10Hz頻率（Scanse的最高速度）旋轉，每秒取樣500（PulsedLight Lidar-Lite的 最高取樣頻率），也無可避免會被Y軸上每秒

產生三維資料可以讓你以多種不同的角度看一個位置。圖為光學雷達的鳥瞰圖（放在一黑色圓圈圈的中間），以反每道雷射畫出的軌跡。

Velodyne HDL-32e 光學雷達每發出 32 道彼此間角度為 40° 的雷射，產生 3D 環境資料。上市售價為 29,900 美元。今日許多精密機器人與車輛上配備的都是這款光學雷達。

光學雷達位置所見的舊金山藝術宮圓形大廳，顯示出場地形狀和周圍地景。

Velodyne, Hep Svadja

的旋轉給切斷：你只有在它抬頭、點頭或是垂直旋轉時才能看到全景。也就是說，雖然Sweep在即時掃描2D環境時很有用，要獲得3D資訊的話則必須有大約1分鐘不能移動。

Sweep放在桌面上移動時相當安靜，威廉斯的筆電上跑著ROS視覺化軟體，黑色的視窗中出現許多白點，看起來像是用像素畫出房間的平面圖，也可以看到房間裡的人在移動時被點成一條白色虛線。3D版看起來像引針玩具，由小點聚集成球狀，顯示出物體的外型，如樹、桌子和人。

Velodyne記錄下的資料詳細得多。點雲會即時出現，並隨著裝置移動逐漸出現彩色線條，描出波浪般的物體特徵。

Velodyne冰球以上的光學雷達都是以增加雷射線的方式來蒐集更詳盡的資料。冰球有16道雷射，上下各相隔15°，如此就不需要在兩個軸上旋轉。搭配最高20Hz的旋轉速率和每55.296微秒發射一次的雷射，每秒你可以獲得300,000個點。

漸趨成熟的科技

光學雷達以兩種方式測量環境。80年代早期，奧馬爾・皮埃爾・蘇布拉（Omar-Pierre Soubra）以雷射三角測量技術在法國巴黎成立Mensi公司，其任務是在核電廠除役前繪製詳細的電廠內部3D模型。Mensi設計了一個1公尺長的金屬管，其中一端有一面旋轉的鏡子，另一端有接收器。雷射穿過鏡子會在內部反射，便可利用三角學定位資料點。隨著技術演進，改以量測光子飛行時間來定位，可以達到極高的解析度，每秒可捕捉100萬個資料點，記錄下以TB為單位的資料。

2003年，跨國定位服務公司Trimble併購了Mensi。

3D資料可以讓你以多種不同的角度看一個位置，這張圖是光學雷達（放在一黑色圓圈的中間）的鳥瞰圖，以及每道雷射畫出的軌跡。

Velodyne HDL-32e光學雷達可發出32道彼此角度為40°的雷射，產生3D環境資料。2010年上市售價為$29,900，今日許多精密的機器人和車輛上配備的都是

Scanse公司的Sweep光學雷達，可360°旋轉蒐集單一平面資料的單一雷射光學雷達，價格為250美元。

大小與曲棍球差不多，重量約1/4磅，Sweep是少數業餘玩家可輕鬆入手進行無人機定位等實驗的新型雷達裝置。

這款光學雷達。

光學雷達位置所見的舊金山藝術宮圓形大廳，顯示出場地形狀和周圍地景。

Velodyne這家公司與Maker有深厚淵源——創辦人大衛・霍爾（David Hall）是機器人大戰「BattleBots」老鳥。他為了參加「DARPA Grand Challenge」無人駕駛汽車挑戰賽而開發的戰鬥機器人光學雷達，都現在都還為Google和其他研發自動駕駛車輛的公司所用。但是Trimble和Velodyne的產品並非以Maker的精神設計。「我們不希望讓人覺得我們的產品是隨插即用類的產品。」一位Velodyne發言人告訴我。蘇布拉說，Trimble併購Mensi的原因是Mensi的技術可應用於Trimble的部分核心工業業務，如採礦、建設、土木工程等。

平價的單一雷射光學雷達應用仍然很廣泛。配置在船上或輪椅上可協助指引方向；配置在房間內固定位置偵測動作，可做為

安控工具、智慧照明開關，或是用來辨識房間擁擠程度。「光學雷達可以輕鬆做到許多攝影機難以執行的3D偵測工作。」羅德里格斯說。古洛打算把他的掃瞄器加上其他感測器——可能是無線電自動方位辨識感測器——做出更精準的割草機。

蘇布拉說，光學雷達也可以當作掃描機，整合3D列印使用：「這就是我說的3D列印概念股。3D列印的其中一個問題是，你很快就會不想再下載其他人做過的模型……有時候你會想要複製你手上已有的東西。你會想把這些東西轉換成3D列印模型，可能是縮小或放大，無論是什麼東西。這時候3D掃描就成為DIY工具鍊的一部分了。」

儘管還有速度、解析度等挑戰，光學雷達仍在持續演進中。「比起其他同樣價格帶的感測器，如聲納和紅外線測距，光學雷達提供的資料量更大。」美蘇里說。當這些規格進步，光學雷達的應用面也更廣。「第一個產品其實是專供開發者使用。我們希望未來能將它升級，符合特殊應用的需求。」美蘇里和威廉斯期待未來能加上加速度計或陀螺儀，讓它更適合應用於無人機；增加耐用度，或是可與手機配對的連結性。最終目標是以他們的產品為中心，打造一個機器人。

光學雷達才剛進入DIY市場。價格將持續下降，雷射和處理器解析度愈來愈好，用途也會愈來愈廣。

「這個技術正開始往不同領域的需求變化。」蘇布拉如此說道，「現在相關知識已經相當普及，足以依不同需求改造光學雷達。這就是技術成熟的指標。」蘇布拉說。●

如果你不是真的了解如何使用
請找人來教，禁止自己嘗試！

FEATURES

10
9 8 7 ★ 5 2 3
拍照點點

MAKING WITH THE
COMM

顏妤安
Amber Yan

《MAKE》國際中
文版編輯，樂於當個
Maker 領域的觀察
者。興趣是烹飪，有
時也做點小東西給家
裡的兩隻貓。

社區共享與自造
綠點點點點團隊打造社區自造空間，
找回現代人的動手做精神

小白屋工具牆（圖片提供：綠點點點點／攝影：劉信佑）

走進鄰近師大商圈古風里的雲和街巷弄內，你可能會發現一棟座落在三角窗位置的白色建築，伴隨著敲敲打打的聲音，令路過的行人不禁好奇：這到底是個什麼樣的地方？這裡既不是家電維修行，也不是木工工作室，而是一個讓社區居民可以自由使用工具的分享空間——「古風小白屋」。

的族群，綠點點點團隊開始思考：到底要用什麼樣的方式吸引居民前來？最後，他們決定將自己原本收在倉庫中的工具拿出來供居民使用，打造一個社區維修站。於是，以「工具分享」為主題的小白屋就此誕生。

負責帶我們參觀的譚琪提到，一開始的工具只有兩小箱左右，他們便從

實驗性修理站

在累積了一定的口碑之後，開始有一些對電器維修較為了解的民眾願意進駐到小白屋中，在固定時段協助居民進行維修、保養教學等。雖然這些志工可能有電子電氣相關背景，但並不是專業修理師傅；因此也會向前來修繕的居民說明這是一個實驗性質的

UNITY

文：顏妤安　協助取材：綠點點點

時間拉回到2012年，做為師大生活圈的社區營造基地「雲和小客廳」在雲和街49號成立。以文化、生活、環保為主題，這個空間與當地的社區居民有了良好的互動，也陸續舉辦了多場手作工作坊、藝文講座與展覽等活動。而在專案結束後，為了能留在當地繼續深耕社區，原「雲和小客廳」的營運團隊便以「綠點點點」之名重新出發，進駐到原本做為古風里社區巡守隊據點使用的小白屋裡。

原本「雲和小客廳」聚集的大多都是喜愛手作、種菜的婆婆媽媽們，也就是以女性為主；而為了接觸更多不同

修理自己的東西開始著手。由於小白屋座落在三角窗地段，附近又有學校、菜市場等人潮匯聚之處，只要敞開門戶，要不引人注意也難，往往會吸引許多好奇的居民駐足觀看，進而走進空間裡詢問：這裡到底是在做什麼？進而了解這個空間設立的宗旨。在居民口耳相傳之下，大家開始自然而然地聚集到這裡。「在一開始沒有足夠的工具、人手的情況下，這個階段可以說是跟社區居民重新建立關係的過程。」譚琪如此說道。

空間，並不保證一定能修理到好；大家也都能充分的理解與同意這樣的前提，一起加入拆開及研究如何修理的行列。

在這樣的過程中，也發生了許多意想不到的事情。有些長輩會翻出家中「骨董級」的物品前來修理，這樣的物品常會發生缺少零件的情形，這時就得仰賴空間中的大家發揮創意來共同解決。例如成員就曾經用木頭先刻製一個缺少零件的原型，再由另一個成員到別的空間以3D印表機將零件印製出來，像這樣的全新維修方法，是這個社區維修站成立之初料想不到的情況。

綠點點點點也希望將小白屋發展成一個手作實驗室，拓展這個空間的可能性。在非家電維修的時段，小白屋也開放志工們留下來製作自己想做的專題。因此到了傍晚過後，還能夠看見一些喜愛製作的人們在此敲敲打打的身影，可說是名副其實的社區自造空間。

其中，做為小白屋招牌的「法式楔子

「加倍奉還」

從兩小箱的工具起家，目前小白屋裡的工具已經多到可以擺滿整個工具牆。而這些為數眾多的工具，其實都是由附近居民、來修理的民眾甚至是網友捐贈的。譚琪說：「我們希望使用這個空間的人都能奉行『加倍奉還』的道理，無論回饋給空間中的人、空間本身或是幫助其他人都好。」久而久

手交換活動，鼓勵民眾將還可以用的物品帶到現場交換；或是將狀況良好的二手物品進行義賣，所得收入再捐給里上，協助地方上弱勢的家戶。

「取之於社區、用之於社區」，透過這樣的循環，小白屋慢慢地建立起了專屬的生態圈，成為一個真正活絡利用的空間。

古風小白屋的日常風景（圖片提供：綠點點點點）

工具牆」可說是這個空間的一大特色（見P.18首圖）。這是以工作坊的方式，集結大家的力量所完成的專題。由參與工作坊的成員自行挑選要製作擺放何種工具，發想、設計工具擺放的方式，並思考利用現場有限的材料可以如何達成自己的掛架設計。在經過五～六次的工作坊後，透過設計思考及親手製作，這面模組化的工具牆大功告成。過程中除了學習製作物品外，其實也是在鼓勵人們相互交流想法。由不同的人所製作出來的掛架也都展現了每個人獨特的個性，可謂是「以物動人，由手傳心」的最佳展現。

之，認同小白屋理念的居民及社群便會自動自發地捐出家裡多餘的工具，也有民眾在別處發現要丟掉的工具的時候會主動聯繫，甚至有社區水電行的修理師傅在退休後將店裡所有的工具都捐贈出來。

而材料方面，空間中製作東西用的材料也多來自捐贈的廢料，無論是廢棄家具的廢料，或是裝潢拆掉後剩下的角料，都會有民眾主動運送過來，或是打電話通知綠點點點點前去收取。由於在過年前往往會收到許多汰舊換新家具，大部分都還十分完好，只要整理一下就能重新使用，因此小白屋也和在地古風里的里長一起舉辦二

從維修到自行製作

不同於坊間以數位加工機具為主的自造者空間，做為社區維修站的小白屋是一個任何人都可以輕易進入、沒有門檻的手作空間。而「維修」這件事，可以說是在重新建立人與物之間的情感交流，喚起人們遺忘已久的動手做精神。

「現代人大多貪圖方便，東西壞了就直接購買新的，因為送修很麻煩，有時候修理的成本甚至比購買新物品還要高。但很多時候其實只是有個小零件壞掉，不把東西拆開來看、親自修理，就不會知道問題出在哪裡。那麼，你願不願意為了你的物

品跑一趟，想辦法將它修好呢？」譚琪笑著問道。正是因為對物品有情感，才會親自動手修理、改造，希望能將它留在自己的生活當中。無形中也減少了不必要的資源浪費，讓環境更好，這也是社區營造很重要的一部分。

再者，大家以維修東西做為媒介，進來接觸不同的主題，如果是可以上手的主

是金錢換取不來的。

未來規劃

目前綠點點點點在附近另有營運一個從老舊房舍所改造的新空間，便將小白屋中原本的布作、編織、料理讀書會等活動移至該處，並持續進行志工培訓。也到其他不同團體營運的社造空間，如：大同區小

來，讓不同世代的人藉由「動手做」相遇，讓多元的主題在空間中發生。「最重要的事情，還是人和人之間的關係如何拿捏跟建立。」譚琪強調道，一旦建立好關係，就會得到很多意想不到的幫助，其中醞釀跟發酵的成果會是最讓人驚喜的部分。究竟往後還會擦出什麼樣的火花，我們也拭目以待。◆

「那麼，你願不願意為了你的物品跑一趟，想辦法將它修好呢？」

題就會繼續參與，從觀看者變成實際參與者，甚至是開始製作自己的專題，這樣的轉變過程也是小白屋當初所沒有預料到的。「來這邊不用一定想說要完成一樣東西帶回家。如果你不知道要做什麼，就先看看其他人在做什麼，不管是協助別人，或是問些問題都好。我們發現，後來又有很多人回到這裡，開始自己做起東西來。」譚琪說道。不管是以廢木料製作餐具，或是切割廢玻璃瓶、利用不要的手機充電線製作燈具等，雖然因為工具不夠齊全的關係無法製作太過精細的物品，但沉澱、梳理自己心情的過程，以及所獲得的成就感

柴屋、南機場社區南機拌飯、基隆86設計公寓等進行推廣；或到蟾蜍山社區等處協助當地居民進行修繕，期盼能帶動社區群體相互幫助的概念，讓臺北的每個區都有一個像小白屋的空間，鼓勵居民走出家門進行交流與分享。

「其實我們所推廣的『工具分享』不限定於機械，好比說農具也是工具的一種。」譚琪說道。不管是種菜、種花、種香草，或是以打造工具牆方式來製作農藝牆等，「工具分享」的概念可以按照社區居民及社群性質的不同，而有不同的呈現面貌；但最終的目的都是希望將空間與工具分享出

綠點點點點由粉紅豹文化事業有限公司營運，推廣綠生活、都市農耕、工具分享、社區營造。更多資訊請見www.facebook.com/our.greenmap。

「新現代樣貌 - 獸」為洪瑞良的最新創作。

數位工藝

FAB-CRAFT INNOVATION

文：顏妤安
協助取材：Perkūnas Studio

看Perkūnas Studio創辦人洪瑞良如何挑戰傳統工藝與數位製造間的界線。

顏妤安
Amber Yan

《MAKE》國際中文版編輯，
舉於當個Maker領域的觀察
者。興趣是烹飪，有時也做點
小東西給家裡的兩隻貓。

2016年10月中，外觀為便利箱造型的屏東枋山郵局開幕，立刻成為臺灣的觀光新亮點。而郵局門口伯勞鳥郵差造型的可愛郵筒，更是鎂光燈的焦點。這隻「伯勞鳥信差」應用結合傳統工藝與數位製造的工法，以80多片3D列印件取代傳統FRP玻璃纖維公仔製程中的保麗龍部分。其背後的設計與製作皆由一支來自高雄的年輕團隊「Perkūnas Studio」完成。

雖然還未滿30歲，但早在Maker風潮於臺灣風行之前，Perkūnas Studio創辦人洪瑞良就已開始接觸3D列印。大學就讀美術系的洪瑞良因喜歡電動遊戲，而在學校中旁聽了動畫相關的課程，也與同學共同籌組工作室，承接製作3D動畫等業務。偶然之間，聽到老師提及學校有一臺「RP快速成型機」，是傳說中「只要丟一個東西進去，就會跑一個立體的東西出來」的神奇機器，並在央求之下獲得了初次使用這臺「成型機」的機會。

「如果家裡能有這樣一臺機器，該有多好？」在接觸到快速成型機後，這樣的念頭在大學生們的心裡油然而生。然而，這樣的高階成型機要價230萬元，對當時初出茅廬的大學生們來說，根本是遙不可及的夢想。不過很幸運地是，Makerbot推出了第一代平價組裝式3D印表機「CupCake CNC」，讓這些大學生們有了接觸初階3D列印的機會。但實際接觸後才會發現：初階的3D列印，由於精度低、品質不夠好，其實是無法符合需求的。因此，洪瑞良便毅然決然投資了高階的3D印表機，開始應用於自己的創作，以及承接代印業務上。

創新與傳統之間

以3D列印為契機，洪瑞良的工作室開始接觸各種不同的客戶需求，也慢慢從設計端走往製造

端，購進用途各異的製造機具。正是因為早就已經接觸、使用過3D列印技術，對其有所了解的關係，洪瑞良並不覺得3D列印如同時下媒體所報導的一樣，可以取代傳統製造方式。因其材質的限制非常大，基本上都是以塑膠材質為主，雖有金屬列印但目前也都過於昂貴，「3D列印是什麼都可以做，但也什麼都做不出來。」他表示：「列印出來的其實都只是半成品，從半成品到成品的過程，舉凡打磨、翻模甚至是鑄造等作業還得仰賴手工，也就是需要回歸到傳統產業。」

但即使了解這點，在試圖結合兩者的過程中，洪瑞良還是遇到了很多困難。由於沒有相關背景，製造時所需的一切知識都得仰賴自己研究、學習。在那個臺灣的Open Source文化尚不發達、網路上不易查找到所需資訊的年代，光是要學一個金工鑄造，洪瑞良甚至跑去新崛江的銀飾店一間間詢問，吃了無數閉門羹，也因為專業不足而買錯過一些機具。他回想道：「一開始推動很困難，大家可能覺得害怕被取代，連要付他們錢都不願意嘗試；但其實傳統產業有它的優勢，互補起來創造的價值性更高，是可以相輔相成的。」他也提到，像卡地亞、法藍瓷等製造工藝品的公司，其實從更早就開始利用3D技術來改善他們的製程，將製程由數年縮短為數個月。

而在這幾年3D列印神話退燒，大家開始檢視其真正的應用方式後，臺灣的傳統廠商才慢慢開始接受將這樣的技術導入製程中。如Perkūnas Studio的伯勞鳥信差便是使用3D列印取代完傳統手雕保麗龍的部分。雖然成本並不會降低，但在3D模擬圖的階段就可以大概得知完成樣貌，做出來不會有落差，比起保麗龍表面平滑度更佳；列印完則一樣以手工製作支架、鋪上玻璃纖維強化，可說是傳統與創新互補的最佳範例之一。

「概念」為自造之本

而這樣結合創新與傳統的概念，洪瑞良也將其應用在自己的創作上。「新現代樣貌-獸」即是他在高雄首屆大港自造節中展示的新作品。這件作品是以豹的意象來創作，並在頭部鑲嵌了一支手動上鏈的機械表，其概念是對現代社會提出反思：現代

舉凡食衣住行，一切都強調自動化；但一旦在遙遠的未來，所有的東西都成了自動化產物後，就有可能難以再看到自然的東西了。

作品特別之處在於每一個零件都是經過原型製作後開模鑄造，再手工組裝而成，工序繁複。首先，必須以矽膠膜包覆手雕及3D列印原型，然後將原型取出再灌入蠟；再用耐火陶瓷包覆後，加熱到1,000度將蠟熔解，並以液態金屬倒入陶瓷模中澆鑄出零件。組裝也極為耗時，必須先打磨鑄造好的零件，重鑽螺絲孔再攻牙。由於在原型階段是塑膠材質的3D列印件，沒有重力問題；但轉換成不鏽鋼之後由於單一連接點必須承受整個頭的重量，導致組裝時由於過重而發生斷裂的情形，一直改良到第四版才能夠支撐得住。

洪瑞良表示，要完成一件完整的作品，必須具備跨領域的能力，這是一個不斷學習的過程。數位製造工具在個別使用上都不難，軟體與軟體、軟體與硬體之間的整合，才是比較難跨越的地方。一開始要懂得如何繪製3D圖，不管是Maya、Solidworks或Rhino，必須交叉運用不同軟體來達到最好的效果、外觀及結構；進入製造階段則要學習打磨、塗裝，要轉換材質的話又得接觸模具製造、灌鑄等，一切都得循序漸進。

「但最重要的還是概念。比起軟硬體的使用，概念發想以及執行力才是最重要的事情。你必須先找到一個你有辦法完成的專題，願意投入一點時間，讓它保有新鮮度。」洪瑞良特別強調。當先有了好的概念的之後，再來才是學習將你的概念轉換成能用在數位製造上的東西，機器的操作其實是次要的。他也提到：自造者空間中其實聚集了很多不同專長的人，提出好的概念再詢問，要入門其實很快，最重要的是必須先了解：自己到底喜歡什麼？

目前洪瑞良持續執行「新現代樣貌」系列的創作計劃，並計劃將除了「獸」之外的「神」、「人」完成。我們也期盼在未來能在更多地方看到他的作品，並有更多的創作可能性在傳統工藝與數位製造間碰撞、發生。◐

更多Perkūnas Studio的精彩作品，請至www.facebook.com/Perkunas.Studio瀏覽。

從3D列印到翻模鑄造，洪瑞良循序漸進學習各樣技術。

Perkūnas Studio團隊所打造的「伯勞鳥信差」郵筒（洪瑞良提供）。

以ATOM 2.0與Z18共計4臺3DP列印郵筒零件再組裝而成（洪瑞良提供）。

洪瑞良認為動手自造最重要之處在於概念發想與執行力。

Data Plans
資料計劃 Particle 執行長扎克・蘇帕拉的物聯網藍圖

Maker ProFile
文：DC·丹尼森　譯：Madison

James Burke

扎克・蘇帕拉是 *Particle* 公司的創辦人兼執行長。*Particle* 提供「從原型到生產的物聯網產品開發平臺」，目前產品有 *Photon* 和 *Electron* 兩款無線微控制開發板、軟體開發工具，以及無線網路與行動網路產品的物聯網雲端平臺。

Q. PHOTON 和 ELECTRON 分別以無線網路和行動網路當做連線方式。Maker 該如何選擇？

你必須先確認你想解決什麼問題，還有你的商業模式，然後往回推。你的顧客願意按月支付行動網路的費用嗎？

如果你的產品是在沒有無線網路的地方使用，那就需要行動網路。另一個考量是可靠度。如果你的產品負有重大任務，像是安全系統，可能比較建議選用行動網路。

我們意外發現：在很多商業和工業的應用上，雖然環境有無線網路，但使用者不

想花時間執行連線這個動作，所以選用行動網路。許多商業決策和IT部門息息相關。

如果你一開始就做對決定，技術自然會獲得開展。裝置如何彼此互動、如何和網路互動——一旦找出商業模式和策略，一切都會變得相當直覺。

Q. Maker如何破解與物聯網相關的噪音和炒作？

過去我們也因為炒作的疑慮避免使用「物聯網」這個詞彙。但我們的許多客戶是業界人士，他們對這個詞買單，我們也蕭規曹隨。對其他人而言，物聯網只是個術語，沒太大意義。他們在乎的是產品如何解決問題。舉例來說，我們和雨水管理系統Opti合作。現在極端氣候和洪水愈來愈常見，這是個很棒的產品。他們不會說「我們有個物聯網產品」，只會說「我們有個很棒的雨水管理系統」。我的一位顧問說，「物聯網」這個詞和「機器人」很像。一個產品的實用性還沒發展到能有屬於自己的名字，才會被叫做機器人；我們不會說「麵包加熱機器人」（robotic bread warmer），而會說「烤麵包機」（toaster）。物聯網也是這樣。

Q. 專業Maker該注意哪些具未來性的物聯網技術？

有三個領域正在發生值得注意、而且某種程度上彼此有關的競爭：LTE無線標準（Cat-0, Cat-1, Cat-M）、網狀網路（ZigBee, Thread, 802.15.4, 6LoWPAN）和低功耗廣域網路（LoRa, Sigfox）。目前看不出誰會勝出，但是五年內應該會逐漸明朗。

Q. 今年若想要推出新產品會面臨很困難的抉擇嗎？

沒錯，如果你今天試著要開發一個產品，你可能會崩潰地想，「直接告訴我要用什麼標準好嗎？我可不想等五年！」但如果你只是抱著看好戲的心態，就很有趣了。

Q. PARTICLE的商業模式是「半開放模式」，有開放原始碼也有具所有權的程式碼。你推崇這樣的商業模式嗎？

如果做得對，半開源商業模式可以很有效。我們相信同儕審核制度，程式碼愈多人審視愈好。我們的哲學之一是希望開發者和工程師都覺得我們的軟硬體好用，並且在合作過程中無須承擔太多風險。開放大半原始碼可以有效地幫助我們減少風險。

Q. 但如果什麼都是開放的，要怎麼賺錢？

我們不用從每一位顧客身上賺錢；我們需要的是可以營利的比例。一位Maker可以100％免費使用我們的產品。這沒關係。而對企業而言，免費的部分可能只能滿足40％的需求，這時生意就來了——剩下的60％用賣的。

Q. 你認為每個專業Maker都應該考慮這個模式嗎？

你必須想清楚，別只因為喜歡開放就開放。開放原始碼可以創造社群，可以獲得開發者、工程師和Maker的參與，這是所有權程式碼做不到的。但同時你也必須創造收益。

Q. 你是否覺得創造社群的重要性比你原先想的重要？

社群很龐大，很容易砸鍋。在創造社群之前我沒想過這件事。社群對新創公司而言非常珍貴，社群能做為你的出發點，讓你更堅強而且自給自足。

想像你有一個產品但是沒有任何愛用者、沒有社群，也沒有人談論它。那麼要讓人購買你產品的成本就會變得很高，你只能買廣告。我們的大部分成果是社群創造的。和社群合作，放大了我們彼此的聲量。

Q. 專業Maker是不是該去中國走一趟？

每個人都該去中國走一趟。明天就去。瞭解中國和中國的生態非常重要，愈早瞭解愈好。要在海外製造電子產品，就必須把中國考慮在內。去參觀工廠，和提供不同服務的人們聊聊——代工廠、開發設計公司、物流公司——能讓你的產品開發流程更順利。

Q. PARTICLE有很多工業界的客戶。你是否認為Maker應該從消費市場轉往工業市場？

消費性產品平易近人，而艱澀的工業產品和應用利潤比較好。在消費市場，你可能要面對5個、10個甚至20個競爭對手跟你做一樣的事。但在工業市場，你會發現藍海、龐大的商機，卻沒有任何競爭者。許多客戶手捧著錢想找人幫他們解決問題。◼

DC·丹尼森 DC DENISON
是專業Maker電子報《Maker Pro Newsletter》的編輯，該報報導Maker與商業間的交集。他同時也是《波士頓環球報》的前科技線編輯。

更多專業Maker的新聞和訪談，請上makezine.com/go/maker-pro。

文：卡里布・卡夫特
圖：載米恩・史考金
翻譯：Madison

VIRTUALLY
Real

近乎真實

在虛擬實境的未來
Maker將引領
感官騙術潮流

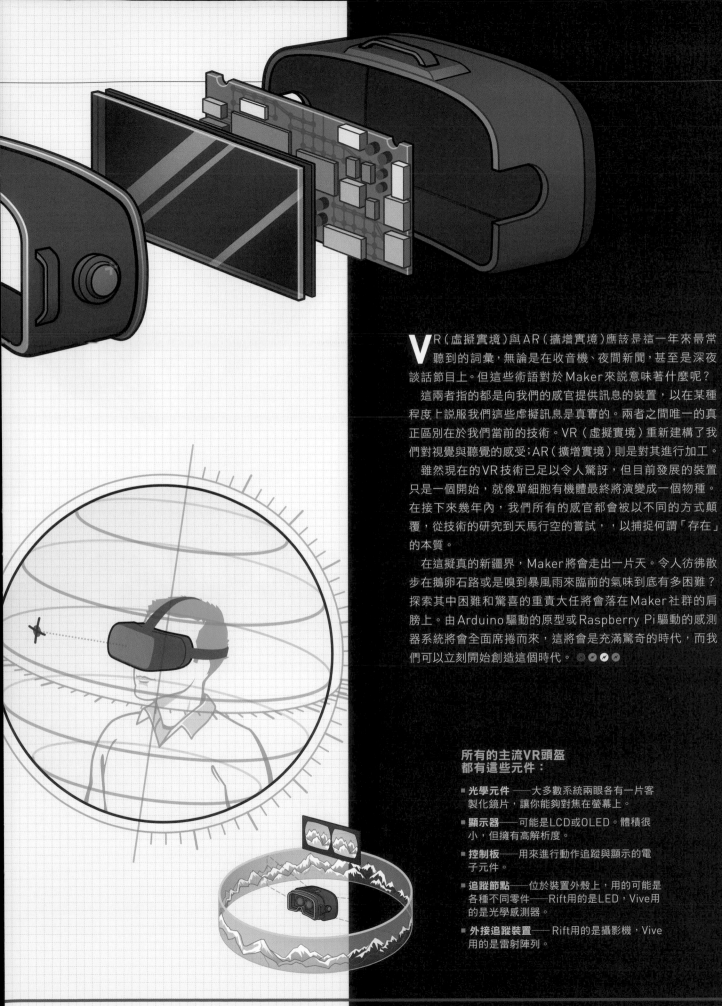

VR（虛擬實境）與AR（擴增實境）應該是這一年來最常聽到的詞彙，無論是在收音機、夜間新聞，甚至是深夜談話節目上。但這些術語對於Maker來說意味著什麼呢？

這兩者指的都是向我們的感官提供訊息的裝置，以在某種程度上說服我們這些虛擬訊息是真實的。兩者之間唯一的真正區別在於我們當前的技術。VR（虛擬實境）重新建構了我們對視覺與聽覺的感受；AR（擴增實境）則是對其進行加工。

雖然現在的VR技術已足以令人驚訝，但目前發展的裝置只是一個開始，就像單細胞有機體最終將演變成一個物種。在接下來幾年內，我們所有的感官都會被以不同的方式顛覆，從技術的研究到天馬行空的嘗試，，以捕捉何謂「存在」的本質。

在這擬真的新疆界，Maker將會走出一片天。令人彷彿散步在鵝卵石路或是嗅到暴風雨來臨前的氣味到底有多困難？探索其中困難和驚喜的重責大任將會落在Maker社群的肩膀上。由Arduino驅動的原型或Raspberry Pi驅動的感測器系統將會全面席捲而來，這將會是充滿驚奇的時代，而我們可以立刻開始創造這個時代。 ◉ ◉ ◉ ◉

所有的主流VR頭盔都有這些元件：

■ **光學元件**——大多數系統兩眼各有一片客製化鏡片，讓你能夠對焦在螢幕上。

■ **顯示器**——可能是LCD或OLED。體積很小，但擁有高解析度。

■ **控制板**——用來進行動作追蹤與顯示的電子元件。

■ **追蹤節點**——位於裝置外殼上，用的可能是各種不同零件——Rift用的是LED，Vive用的是光學感測器。

■ **外接追蹤裝置**——Rift用的是攝影機，Vive用的是雷射陣列。

AN OPEN *Valve*

文：卡里布‧卡夫特
譯：屠建明

Valve大解密
看這個改造者
社群如何形塑出
虛擬實境的未來

卡里布‧卡夫特
Caleb Kraft

《MAKE》雜誌資深
編輯。他從90年代
一次遊戲中射下一隻
翼手龍之後就對VR
十分狂熱。VR會讓
他頭暈，就像他會暈
車一樣，但他仍然很
喜歡研究，因為這
代表了未來。

在全世界最受尊崇的遊戲工作室之一深處的一個私人房間裡，我的面前是絕對讓人目不暇給的各式電子產品原型。我們所看到的現代虛擬實境就是從這些基礎元件演變而來的。我掃視這些原型，讓眼睛在線路、LED、馬達、螢幕和3D列印的造型中尋找脈絡。有一件東西特別引起我的注意，但我看不出它的用途。

「這是殭屍控制器；把它戴到別人的頭上我們就把他們變成可以控制的殭屍。」

我聽了很想笑，因為這個裝置是有一條裝了幾顆9伏特電池的頭帶、在原型板上湊合的電路，和幾個黏上去的電極。

然後我發現Valve Software的虛擬實境工程師亞倫‧葉茲（Alan Yates）不是在開玩笑。

以《戰慄時空》、《傳送門》、《絕地要塞》、《遺蹟保衛戰》等遊戲（和這些遊戲的續作）聞名的Valve公司和Maker們有很密切的關係，因為Valve的傳奇要歸功於電腦遊戲發展初期會依喜好破解及修改遊戲的玩家們。Valve沒有和這些對產品的改造切割，而是欣然接受這樣的玩家社群，也為玩家們提供絕佳的服務。Valve目前市值數十億美元，而員工們在業界也是人人稱羨。這些遊戲受歡迎的程度讓遊戲中發展出完整的生態系統，在裡面玩家可以開發自製的虛擬商品，並且用現實世界的貨幣交易，有時收入甚至高到可以取代玩家的正職。

Hep Svadja

我這次來到Valve位於華盛頓洲貝爾維尤市的總部，是要看看這家傳統遊戲軟體公司是如何成為堪稱市場上最尖端VR硬體HTC Vive的創造者。

為我導覽的葉茲沒讓我失望。我拿起一件看起來像配鏡師工具的裝置，它有一組鏡片，對準拆解後的皮秒雷射投影機發光的一端。葉茲解釋道，公司起初認為擴增實境是值得做為硬體設計走向的一個研究領域。這款原型就是這個走向的產物之一，但沒有獲得進一步推動。

他告訴我：「最後我們發現虛擬實境是比較適合現階段的研究領域。」

擴增實境和虛擬實境之間只有模糊的界線；兩者提供的都是沉浸式、虛擬、擴增

的環境。它們主要的差別在於虛擬實境的頭戴式裝置會完全籠罩視線，而非和實際的視野重疊。

HTC Vive就是這個走向的產物，它是一臺像戴在頭上的滑雪鏡般的螢幕，會追蹤頭部在3D空間的移動，同時將使用者放進眼前看到的虛擬世界裡。這個裝置和其他設計不同點在於它包含了兩個搖桿，讓系統以驚人的精確度同時追蹤手的位置。

以反胃開頭

Vive的團隊在2012年開始蒐集舊的頭戴式裝置和先前的研究，但沒有什麼特別的發現。只要用過90年代的VR就知道這並不理想。因為裝置的效能低落，遊戲過

程會充滿lag、粗糙電腦繪圖，而且常常讓人反胃。「我們其實花了大約兩年來嘗試讓使用者習慣虛擬實境，克服反胃的方法。」葉茲說道。

他們用了很多方法進行無數次測試，來嘗試克服內耳和眼睛感測到不同動作時頭暈的問題。前庭電流刺激原型裝置「殭屍控制器」就是其中的方法之一。這個裝置用電流來刺激內耳，讓使用者能實際感受到動作。使用者在行走時，刺激其中一邊就能讓他們自然朝該方向轉彎。

如果從遠端控制這種刺激，就能大致上把人當成遙控車來操控，或是像葉茲説的一樣把人變成殭屍。還好殭屍控制器沒有成為產品的一部分。

最後被用來防止反胃的解答是多種方法的無縫銜接。例如螢幕畫面的更新速率必須高到讓眼睛無法察覺任何延遲，同時對動作的追蹤必須極度精確。任何細微的動作都必須透過系統轉譯，並在能察覺變化前顯示給眼睛。「最後我們終於能讓頭暈問題的研究告一段落，進入下一階段。」葉茲的夥伴克莉絲汀·庫莫（Christen Coomer）說道。

製作原型

在Valve決定好要採用的追蹤技術和顯示系統後，開發的進展變得非常快速。現代的桌上型製造機具讓他們的團隊可以有效率地測試新點子。很多早期的原型看起來都像家裡就能做出來的東西。葉茲也同意這個階段使用的都是業餘玩家也能取得的技術。

「3D列印是讓我們能製作原型的核心技術，」葉茲說道，「如果沒有它，很多東西都做不出來。我們使用了3D印表機、雷射切割機和PCB加工機，而這些都是

Maker空間裡會有的基礎設備。我們大部分的製作用這些工具就能完成。」

Valve擁有製作軟體的背景，其中一個好處是可以在數小時內就寫出更新或修正程式來發布。快速原型製作讓他們能夠把這個方法移植到硬體上。工程師可以在早上完成原型、從同儕獲得意見回饋，接著在下午就能從3D印表機印出修正後的實體。在以前，這樣的過程會需要花好幾周來等待原型在其他地方完成製作再送達。

在這樣的過程中，可以看到一些無心插柳的意外發現。開發一種體驗的時候，可能會發現所有測試人員都做出同一種未預期的行為，但他們都很滿意，而這時開發人員就知道這是他們該走的下一步。在硬體和軟體的開發過程都有這種現象。

如果所有人都用相同的「錯誤」方式來拿搖桿，那就代表設計有問題，應該要調整。

庫莫解釋道：「分享是很重要的。如果你只是自顧自地在做事，就無法學習。」他們的團隊還學到一個道理，就是虛擬實境是個沒有硬性規定的領域。「我們原有的觀念都被捨棄了。」

Valve一直到他們的VR頭戴式裝置進行商業販賣的前幾周都還在對設計做大幅調整。因為團隊沒有前例可循，所以測試新想法是他們找出怎樣做才對的主要方式。他們會將原型拿給同事，取得愈早、愈多愈好的意見回饋，並捨棄失敗的原型，因為他們體會到沒有理由去改良不打算繼續開發的原型。

因為Valve是以改造遊戲的Maker為基

礎建立的，所以開發團隊迫不及待想看他們會如何改造HTC Vive的硬體。

Vive才剛上市幾周，玩家就已經著手在為自己客製化了。其中一位玩家用電焊面罩的頭部綁帶來取代原有的鬆緊帶，讓戴上及拿下目鏡更順暢。有一組開發團隊將追蹤搖桿裝在攝影機上，把遊戲畫面和玩家操作的畫面合併製作成影片，讓觀眾看到玩家如何沉浸在遊戲的世界。這些都是Valve公司未預料到的改造成果，而他們也鼓勵玩家盡情改造。

在 Maker Faire 徵才

要怎樣才能成為Valve的虛擬實境工程師呢？簡單說就是從動手做東西開始。Valve對他們的徵才政策一直都開誠布公，同時也對外公開充滿幽默和美麗插圖的員工手冊。手冊中最令人印象深刻的插圖是對理想員工的描述；他們把這種人稱為「T型員工」，也就是擁有單一領域的專業和非常廣泛的一般知識。這對他們而言是必要的，因為人必須要有彈性才能對意見回饋做出回應，藉此不斷提升產品的層次。

Maker Faire就是尋找這種人的最佳場所。參觀的過程中我有搭上話的幾位工程師中至少有三位告訴我他們在Maker Faire自己的攤位上被Valve的人上前攀談的經驗。

問到有關研發職務常需要的工程學位的問題時，葉茲解釋道，自學成功而且有廣泛背景經驗的人對公司而言其實更是資產。他和夥伴們認為當一個人花了好幾年

1. 從舊到新排列的Vive原型。

2. 前庭電流刺激原型裝置，暱稱為「暈眩控制器」。

3. Vive的追蹤系統Lighthouse的雷射偵測感測器演進史。

4. Lighthouse基地臺演進史。可以注意到有個早期原型用了兩個切半的硬碟。

5. 嘗試各種幾何形狀來找出最佳的追蹤搖桿設計。

6. 亞倫·葉茲示範一款改造LCD螢幕，用嘴咬住把手來操控的原型。

7. 用來測試位置追蹤精確度的機器手臂。

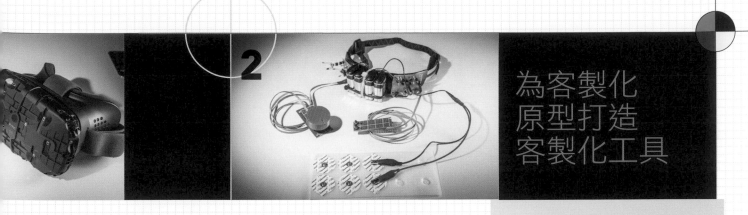

2

為客製化
原型打造
客製化工具

當試用「典型」的方法來解決問題時,常會讓自己的思考僵化,而只會想到標準的方法。但是如果一個人有廣泛的知識,他可能會缺乏一些專業上的細節,卻常能以獨特的觀點來看待問題,並且獲得未預期的結果。這種人可以用受傳統訓練的工程師想不到,甚至被摒棄為「不正統」的方法來解決問題。

隆重登場

為了這次硬體產品的推出規模,Valve與臺灣公司HTC合作。Valve和多家製造商接觸過後,選擇了以硬體組裝品質建立口碑的HTC,藉助他們的多年經驗來確保這次產品能夠順利推出。

這次的產品還有個令人咋舌的情形,那就是多數的開發人員都沒有最終的硬體產品;不是Valve想保密到家,而是因為一直到得交出產品的最後一秒他們都還在做最後的改良。

HTC Vive正式推出的日期是2016年4月5日。我參觀的日期是5月2日,而我在他們公司裡對話過的每個人都還沉浸在產品上市的興奮當中。

Vive和競爭對手Oculus Rift的VR頭戴式裝置(3月28日上市)是高階虛擬實境裝置領域的兩大龍頭。兩者都剛起步,也即將與Sony在10月推出的PlayStation VR較勁。

「我們花了大約
2年的時間來克服
反胃的問題」

VR 在 Valve 的未來

Valve接下來開發的配件目前還是個謎,儘管我追問、刺探,乞求他們給個再怎麼微不足道的暗示都好。我只能想像他們做出了科幻電影會看到的連身衣。他們唯一透露的是他們的研發團隊腳步沒有慢下來。從團隊成員們臉上的竊笑就能看出來,不管他們做出來的是什麼,肯定都很酷。

葉茲說,「眼睛和雙手算是產品需要的最低限度追蹤項目。身體其他部位的資訊會更為複雜,大概需要用下一個十年來研究。」

虛擬實境目前正處於起步階段。我所見到的裝置從湊合起來的到精緻結合的產品都有,但這絕對只是第一步。虛擬實境現在的階段有如當初的雅達利*時代。這是一項新技術剛進入人們生活的時代,也是之後會被我們回頭拿當時粗糙的技術來開玩笑的時代。我已經等不及想看我們開這種玩笑的時候手上拿的是什麼玩意。

希望不會是什麼殭屍控制器。 ◑ ◑ ◑

*中文譯註:雅達利(Atari)是1972年成立於美國的電腦公司,為街機、家用電子遊戲機和家用電腦的早期拓荒者。

歡迎到www.makezine.com.tw/make2599131456/valvevr欣賞採訪影片和更多原型照片。

當我們使用前所未見的技術,測試方面就可能會遇到很大的困難。例如,我們買不到測量尖端虛擬實境追蹤系統性能的工具。因此,Valve的工程師們必須和產品同步開發測試它們的工具。這款口袋型示波器就加裝了能偵測追蹤軌跡的感測器,也具備讓它能顯示訊號資料的自訂韌體。

6

7

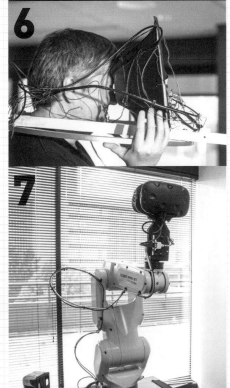

5

ROCKETS AND ROVERS WITH
Mixed Reality

文：麥可・西尼斯　譯：劉允中

透過 JPL 的 OnSight 計劃，使用者可以用好奇號探測車拍回來的照片「實際」探索火星地表。

火箭與探測車的混合實境
NASA 噴氣推進實驗室帶我們一窺動手做的未來

麥可・西尼斯
Mike Senese

《MAKE》雜誌主編。他喜歡在閒暇之餘製作遙控飛行器，並努力嘗試烤出完美的比薩。你可以追蹤他的推特帳號 @msenese。

美國國家航太總署（National Aeronautics and Space Administration，以下簡稱 NASA）的噴氣推進實驗室（Jet Propulsion Laboratory，以下簡稱 JPL）位於加州的帕薩迪那，這座城市充滿時髦光鮮的高塔，點綴了聖蓋博山脈與南加州旱谷之間的地貌。在實驗室當中，全球最棒的大腦每天都聚在一起設計、打造並發射火箭、衛星和探測車，探索遠方的太空世界。

5 月中的時候，我去了一趟帕薩迪那，目的就是想搶先看目前最新式的探測車，預計於 2020 年 3 月啟用。這個旗艦計劃於 2012 年 12 月公布，就在好奇號降落火星沒多久，預計要打造比好奇號稍大一點的六輪載具。不過，JPL 沒有準備「高科技」探測車設計原型，而是帶我走進展示間時，讓我戴上了 Microsoft HoloLens（微軟全像鏡）頭盔，打開探索車的 CAD 投影，我可以看到探索車全貌呈現在我眼前，他們告訴我：這不是科幻電影的明日世界，而是此時此刻正在發生的現實。

打造虛擬探測車

他們將此稱為「混合實境」（Mixed Reality），藉此與虛擬實境（Virtual Reality）及擴增實境區別。「我們創造的混合實境讓人感覺是實際存在的物體，和其他『真實』物件與世界互動的方式相同。」JPL 的任務執行創新實驗室負責人傑夫・諾里斯（Jeff Norris）表示，這和完全融入式的虛擬實境、平視影像重合的擴增實境是不同概念，雖然，說白了就是將 CAD 彩色設計原型以明信片的大小，投射在我的頭盔前的觀看位置，但是用混合實境方式展示火星探索車 Mars 2020 的效果令我驚豔。

他們將這個計劃稱為「ProtoSpace」（太空原型），在欣賞設計原型時，這個頭盔精準地捕捉我的動作，讓我可以從上俯視或低頭檢視車體下方；同時，我還是可以看到自己周遭的環境變化。我的大腦完全相信這是真的，有好幾次我都想伸手去拿相機來拍，伸到一半才想起來實際上那裡什麼也沒有；後來，我想將頭伸進探測車影像裡看看，一開始身體有點不適應，

Mike Senese

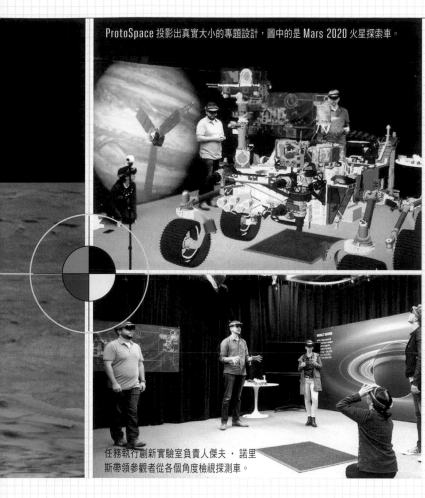

ProtoSpace 投影出真實大小的專題設計，圖中的是 Mars 2020 火星探索車。

任務執行創新實驗室負責人傑夫‧諾里斯帶領參觀者從各個角度檢視探測車。

噴氣推進實驗室為 NASA 打造太空船、衛星，也進行任務控制的業務。

不過在我探過頭之後，就看到零件一層層地拆開，直至探測車中空的中心。

「我認為，ProtoSpace 的效果就像讓我們走進磚砌房屋的半成品，我們現在要做的探測車可比磚造房屋複雜多了，使用的磚塊也不同。」諾里斯表示，他們在設計上一顆地球科學衛星時也用了 ProtoSpace，在觀看衛星設計時，技師發現空隙太小，工具根本進不去的問題。所以，他們直接改了設計，節省了輸出、組裝原型的時間和資源，也顯示了 ProtoSpace 的價值。

「這個領域發展太快了，我覺得一年半前和現在相比已有很大不同。」提到新科技的時候，諾里斯如此說道。他們還在改良 ProtoSpace，想要加入新的功能，比方說，在檢視設計原型的時候將其中一個零件拆下來觀看；加入動畫與動作，甚至是在混合實境中直接打造產品設計原型。

火星漫步

在下一間房間當中，諾里斯和他的團隊成員向我們展示了其他混合實境專題：

OnSight 應用了好奇號探測車所蒐集的資料，可以帶使用者虛擬探索火星。OnSight 使用起來的感覺也非常真實，好奇號探測車就在房間中央，戴著頭盔往上看或轉身，可以看到火星的地表向四處延伸，遠方還有地平線。

在我四處漫步時，火星資料科學家弗萊德‧克萊弗（Fred Calef）引導我觀察地表的細節。克萊弗本人在建築物的其他地方，不過不在混合實境中，他就在我身邊，是一個藍色的人形。這兩項產品的另一個好處就是可以與身在其他地方的人直接互動，JPL 的工程師可以直接和身在地球另一端的科學家一同檢視太空船的設計，或者決定位於某星球的探測船的下一個目的地。

過了幾分鐘，克萊弗本人來到現場，我問他，2012 年三月好奇號降落火星的時候，他有沒有想到四年後自己可以「站在」好奇號旁邊呢？克萊弗搖了搖頭，說：「我們也嚇了一跳！」

不過，這還是件令人振奮的事，因為這讓克萊弗的工作輕鬆多了。「最重要的就是儘可能節省時間。」克萊弗說，「因為時間就是科學啊！」

大眾消費？

最近，NASA 提供新的旅遊服務，在美國佛羅里達州的甘迺迪太空中心（Kennedy Space Center）讓參觀者使用 HoloLens Martian（火星全像鏡）進行火星遊覽，由太空人伯茲‧艾德林（Buzz Aldrin）的全像投影為旅客進行導覽。在未來，諾里斯很期盼能看到這些產品進入社群，之後 ProtoSpace 和 OnSight 說不定可以直接在家中使用。「想像一下未來的某一天，上千萬人在家裡戴上頭盔，就可以和探測車（甚至太空人）一起探索火星，豈不是棒極了嗎！」諾里斯說。

這不只能用於遊覽，更代表設計與建造的新方法，對任何人來說都是如此。諾里斯繼續說著：「我希望像 ProtoSpace 這類的擴增實境工具可以開啟全新的可能性，不只專家可以使用，業餘玩家也可以，只要對動手打造東西有興趣的人，都可以嘗試這個新工具！」 ◐ ◑ ◒

Mike Senese, NASA

SHAKE, RATTLE, AND *Tilt*

文：傑若米・威廉斯　譯：劉允中

搖晃、擺動與傾斜

打造「PINSIM」模擬彈珠臺，用真實的擋板按鈕與加速度計微調系統來打一場VR彈珠遊戲吧！

傑若米・威廉斯
Jerymy Williams

Tested 團隊成員，從小在 Atari 2600 遊戲機與 IBM PCjr 個人電腦陪伴下長大。從美國凱尼恩學院畢業之後，他經營過一間 LAN 遊戲中心、創辦過一間影片公司，此外，他曾擔任《PC Gamer》雜誌編輯，並幫助 Qore 在 PlayStation Network 上運行。目前，傑若米住在舊金山，對於 Arduino 和動手打造專題十分有興趣，此外，他也很愛彈珠檯和他的孩子。

今年，我參加了遊戲開發者大會（Game Developer Conference，簡稱 GDC），在 Oculus 公司辦的活動中，我第一次聽說 Pinball FX2 VR 這款遊戲，我玩了 5 分鐘，就決定要為這個遊戲打造 VR 介面！VR 解決了傳統「虛擬彈珠檯」最大的問題——你不能移動頭部來近一步觀察標的物或彈珠本身；但有了 VR 技術之後，這再也不是幻想了！搭配我自製的 PinSim 彈珠檯，玩遊戲的時候甚至會有真實的觸感！我上傳了這個專題的 SketchUp 檔案、長寬尺寸、接線圖和 Arduino 程式碼，歡迎大家也來做一臺！至於控制板的部分，你可以訂購我特製的印刷電路板，也可以直接使用一般麵包板來製作。

VR 彈珠檯其實就是真正彈珠檯的前 8 吋。最初的版本是使用泡綿製作，不過改用木頭製作當然會更加穩固。在裁切的時候，請注意材料的寬度是否足夠。我畫的設計圖標示了外側尺寸與按鈕孔洞位置，孔洞直徑則要視你使用的按鈕而定。

有了搖桿之後，瀏覽遊戲目錄的時候會方便許多；加速度計則是用來模擬彈珠檯的搖動感，這可以幫助你控制彈珠，但用過頭也可能造成反效果。如果晃動到機器太大，就會終止遊戲（小心傾斜！）跟真的彈珠檯一樣。

我的第一個彈珠檯

Oculus 發表會的前一週，我去了一趟沃爾格林藥局，買了兩塊珍珠板，其他材料我都已經買好

材料

» **Teensy LC 微控制板，附針腳。**在 pjrc.com 買只要 15 美元！將微控制板裝到麵包板或是我特製的印刷電路板上。
» **Micro USB 連接線**

用印刷電路板製作：
» **PinSim 印刷電路板** oshpark.com/shared_projects/ngC13rwO
» **母接頭，1×14（2），**如 Amazon 商品編號 #B00899WQ6U。
» **PCB 螺絲端子，2 孔型，腳距 3.5mm（12），**如 Uxcell 商品編號 #a14122500ux0169 或 Amazon 商品編號 #B00W93KCDQ。

用麵包板製作：
» **免焊麵包板，**Adafruit 商品編號 #239。
» **跳線，**Adafruit 商品編號 #1957。
» **10 螺絲端子臺，麵包板插入式，**如 eBay 商品編號 #400546234141。
» **泡綿板或合板，**我用了 22"×28" 的泡綿板，Make: Labs 的安東尼則選用 1/2" 的合板，總共大概用了 2'×4'。
» **街機按鈕，30mm（2）**Adafruit Industries 商品編號 #473，adafruit.com，虛擬擋板用。
» **街機搖桿，小型，**Adafruit 商品編號 #480。
» **加速度計，三軸，**ADXL345，Adafruit 商品編號 #1231。
» **連接線，黑色或紅色。**Adafruit 商品編號 #290 和 3068，拿喇叭用的雙股連接線也可以。
» **「開始」按鈕，**Williams-Bally 商品編號 #20-9663-1，Pinball Life 商品編號 #956（pinballlife.com）。
» **「發射」按鈕，**Williams-Bally 商品編號 #20-9663-B-4，Pinball Life #919
» **彈珠檯腳（4）**Pinball Life 網站商品編號 #140，在網頁上有不同顏色可供選擇！
» **檯腳螺栓（8）**Pinball Life 網站商品編號 #1792。

» **檯腳支架（4）**Pinball Life 網站商品編號 #144。
» **檯腳底座（4）**Pinball Life 網站商品編號 #921。
» **檯腳保護套（4）（非必要）**Pinball Life 網站商品編號 #1403。
» **木螺絲和 / 或熱融膠**

升級用材料（非必要）：
» **Xbox 振動馬達（2），**在 eBay 上買一對大概 10 美元。
» **電晶體，2N222（2），**Xbox 振動馬達用。
» **LED，白色（2），**用來取代「開始」和「發射」鈕的燈。
» **電阻，22Ω（2），**LED 用。
» **彈珠發射器組，**Pinball Life 網站商品編號 #pbl_B-12445-6。
» **發射器安裝板，**Pinball Life 網站商品編號 #535-5027-00
» **發射器彈簧，低張力，**Marco Specialties（marcospec.com）商品編號 #10-148-6。
» **機械螺絲，#10-32×⁵/₈"，盤頭，附墊圈（3），**Marco Specialties 產品編號 #4010-01006-10。
» **類比距離感測器，**Sharp GP2Y0A51SK0F，Pololu（pololu.com）商品編號 #2450。
» **JST ZH 導線，3 針腳母座，**Pololu 商品編號 #2411。

工具

» **鋸子或筆刀，**看你要用合板還是泡綿來做。
» **電鑽**
» **烙鐵**
» **螺絲起子和扳手**
» **砂紙或磨砂機**
» **電腦，安裝好 Teensy Loader 應用程式**（pjrc.com/teensy/loader.html）與 PinSim 專題程式碼（github.com/jerware/pinsim），這兩者都可在 GitHub 網頁上免費取得，你會用到的 Arduino 程式庫，除非你想更動程式碼，不然其實連 Arduino IDE（或 Teensyduino 的版本）都不需要。
» **3D 印表機**（非必要）

A

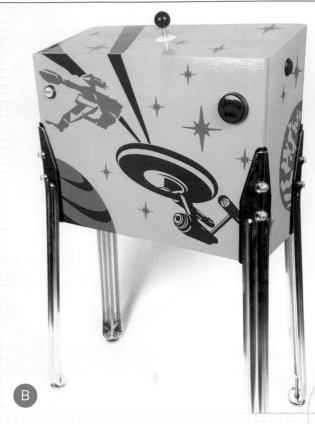

B

PINSIM模擬彈珠檯製作筆記

文：安東尼‧拉姆，*MAKE:* **LABS**。

» 要裁切合板的話，用桌鋸最合適了。你也可以使用帶鋸機或手鋸。裁切的時候，留個⅛"寬的合板是比較安全的做法，裁切完之後，再用砂紙把多餘的部分磨掉，這樣可以確保接合沒有問題。

» 用彈珠檯腳保護套來測試邊角是否可以接合，除了可以為板子對接做準備之外，也可以趁機記錄檯腳螺栓的位置。

» 前側面板上緣裁切為14°角，這是為了配合上蓋的耙狀結構，上蓋的前緣與後緣也要這樣裁切，才可以與其他板子連接穩妥。

» 現在上蓋還沒有釘死，暫時用木螺絲固定，之後可以再行加工升級。或者，你也可以直接把它固定到其他板子上，然後上漆。

了（我已經蒐集彈珠檯遊戲多年了，還有，我是Adafruit強迫購買症患者）。

首先，我量了真實彈珠檯的尺寸，然後用珍珠板裁切了一個同樣大小的複製品。接著，我量了按鈕位置和大小，將孔洞裁切好，花了一個晚上把這些搞定。好了之後，我量了彈珠檯身的精確高度，用螺栓支架把現成的檯腳給裝上。按鈕跟搖桿沒什麼特別之處（圖 A ），只是要注意擋板按鈕不可以發出響聲，這樣感覺比較真實。在開始動手製作之前，我以為我一定要裝彈珠檯的那種葉片開關，後來發現，Adafruit的30mm無聲開關效果就很好了。

將所有元件都連接至Teensy LC微控制器，再透過USB連上電腦。 Teensy有一種模式可以騙過電腦，讓電腦以為這只不過是個遊戲控制器而已，所以程式碼會將接地腳位判讀為遊戲控制器的操作按鈕。此外，還有一個加速度計，用來將X/Y運動轉換為類比搖桿控制，可用來「晃動」彈珠檯（影響彈珠路徑），「開始」按鈕和「發射」按鈕本來就有裝燈，所以我只是把按鈕接到USB 5V線上。

最大的障礙就是讓遊戲辨識出控制器，不幸的是，Teensy不支援Xinput，但是Pinball FX2 VR遊戲只支援Xbox控制器。不過最後，我找到一個很棒的開源軟體，叫做x360ce（ github.com/x360ce/ x360ce ），可以將控制器訊號轉換成Xinput；後來，我又升級成柴克里‧利特爾（ Zachery Littell ）製作的MSF-XINPUT程式庫（ github.com/zlittell/MSF-XINPUT ），這個程式庫成功讓電腦以為Teensy LC是Xbox360的遊戲控制器，將延遲降到最低，相容性提到最高，而且這個程式庫還支援振動力度回饋！ 柴克里為了這個專題，花了很多時間改良他的程式庫，在此特別感謝他的幫忙。

打造 PINSIM 模擬彈珠檯

好的，現在我們要來做一個升級版PinSim控制器（圖 B ）

（本文的部分內容曾在Tested刊出。）

1. 製作彈珠檯

將板子裁切好，鑽出按鈕、搖桿和彈珠檯腳用的孔洞， 請參考專題網頁（ makezine.com/go/pinsim-vr-pinball- cabinet ）上的SketchUp設計圖（圖 C ），檯腳螺栓進入角度是45°，可能會有點難處理，我的建議是從內向外鑽，再用螺栓固定檯腳，可以先將彈珠檯

Jeremy Williams, Hep Svadja, Anthony Lam

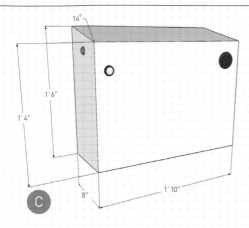

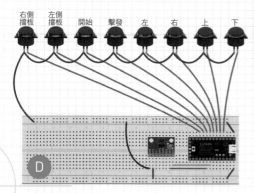

右側擋板　左側擋板　開始　擊發　左　右　上　下

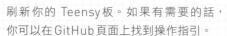

重要：

如果你沒有要安裝彈珠檯拉桿，請將印刷電路板上的 PLUNGE 端子（TEENSY15 號針腳）接地（GND），即可關閉拉桿，如果沒有這個步驟的話，針腳會處於浮動狀態，造成虛擬類比搖桿不穩定。

上漆（非必要）。

2. 電子零件接線

現在，請參考接線圖（圖 D）和 Teensy 腳位圖（圖 E）進行製作。我在 Tested（youtu.be/18EcIxywXHg）分享了我的第一個 PinSim 模擬彈珠檯之後，又在 OshPark 發表了一塊為這個專題設計的印刷電路板來取代麵包板。如果使用特製電路板，只要在指定的地方將母接頭和螺絲端子焊接至板子上就行了。或者你還是可以用麵包板製作。

3. 安裝電子零件

將搖桿安裝置虛擬彈珠臺的上蓋，依照安裝板做調整，直到找到最恰當的位置為止（這裡也可以用遊戲控制器來取代）。

接著，請將麵包板或印刷電路板裝在彈珠檯上蓋內側，加速度計水平置於中央，朝前（圖 F 和 G），這樣可以取得最精確的讀數。

4. 編寫 TEENSY 程式

請從 github.com/jerware/pinsim 網頁下載編譯好的韌體，並安裝相關程式庫，好了之後，請用 Teensy Loader 應用程式刷新你的 Teensy 板。如果有需要的話，你可以在 GitHub 頁面上找到操作指引。

大功告成了！然後如果有需要的話，在 GitHub 網頁當中有詳細指南說明。只要將 Teensy LC 用 micro USB 連接線插上，即可接上電源（見圖 H），要測試 PinSim 模擬彈珠臺的話，可以到控制臺（Control Panel）以 Windows USB 遊戲控制器程式（Windows USB Game Controllers app）來啟動。

升級版本
LED 燈

如果將「開始」按鈕裡頭的燈泡改成白色 LED，透過 22Ω 電阻接上 Teensy 的 16 號針腳（在我特製印刷電路板上的 LED-1 端子），那麼，電源打開時 LED 會閃爍 1～4 次，模仿 Xbox 遊戲控制器上的四顆 LED，這一項設計還滿有用的，因為遊戲軟體通常都會用到 #1 控制器。

在「發射」按鈕上也如法炮製，將 LED 連到 Teensy 的 17 號針腳（在我特製印刷電路板上的 LED-2 端子），燈會保持亮著（圖 I），如果你有 3D 印表機的話，可以列印我設計的 555 燈泡式 LED 座（thingiverse.com/thing:1537176，如圖 J）。

Jeremy Williams, Hep Svadja

開始　　右側擋板　　左側擋板　　發射　　下　　上　　右　　左

GND		Vin（3.7V到5.5V）
搖桿向左	0	GND
搖桿向右	1	3.3V（最大值為100mA）
搖桿向上	2	23
搖桿向下	3	22 小振動馬達
A	4	21
B	5	20 大振動馬達
X	6	19 SCL
Y	7	18 SDA
左側擋板	8	17 LED-2
右側擋板	9	16 LED-1
指南	10	15 Plunger sensor
回上一層	11	14
開始	12	13

L

2N222　2N222　22Ω

K

M

N

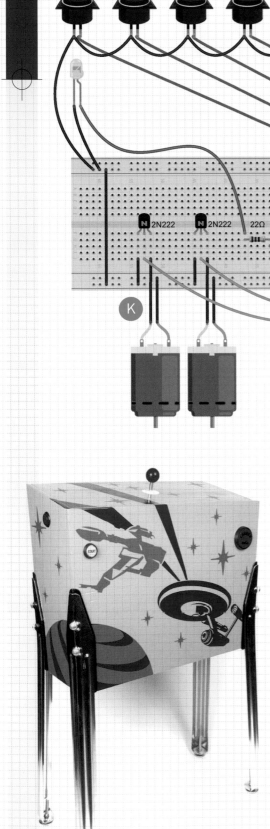

Jeremy Williams, Hep Svadja

Xbox振動馬達

針對觸覺回饋的部分，我加入2個 Xbox 振動馬達（我不想用螺線管，原因是因為螺線管需要高電流，而我希望 PinSim 的電力可以單靠5V 500mA的USB連接線提供）。請先將馬達接到2N222電晶體，再接到 Teensy 的20與22號針腳，如圖 K 所示，如果你有3D印表機，也可以列印我做的振動馬達安裝裝置（ thingiverse. com/thing:1537210），這樣會省事不少！

其他遊戲按鈕

何不加入更多按鈕，將 PinSim 打造成遊樂場的那種直立式電動機臺呢？其實也不難，只要在搖桿旁邊多鑽幾個孔，再連接到 PinSim 印刷電路板上就行了。如果你用的是麵包板的話，可以參考 the Teensy LC 圖 L 的針腳輸出標示。

發射拉桿

此外，我決定把發射按鈕改成真的彈珠發射器，零件我都有，只是需要解決將手把活動轉化成類比訊號的問題。我試過可彎式電阻和聲納，不過，最後我使用了3D列印的圓盤裝在發射器末端，位於 Sharp IR距離感測器的途徑上（圖 N ），細節請參考 Tested（ makezine. com/go/tested-pinsim）一文，這一項設計效果很好，不過我醜話說在前，工程有點浩

大，有了發射拉桿之後雖然有助於擊中較難的彈珠標的，但也就這樣而已。

更棒的彈珠檯

經過電子零件升級之後，我說服木工朋友克里斯多福・曼恩幫忙，用比泡綿更漂亮的材料幫我裁切出一個檯子，於是，我的木造 PinSim 模擬彈珠檯於焉誕生（圖 N ）。

後來，《MAKE》雜誌的詹姆斯・伯克和安東尼・林用合板做了彈珠檯，漆得美麗絕倫，簡直超乎我的想像，我至今還無法從驚訝中恢復過來。

最後，我還是把擋板按鈕換成了真正的彈珠臺葉片開關，好處是行程較長，更具真實感，實際上並不影響遊戲功能就是了。歡迎你也一起來做一臺 PinSim 模擬彈珠臺，你一定會玩得很愉快！我也十分樂意知道你的模擬彈珠檯做得如何。

你可以在 makezine.com/go/pinsim-vr-pinball-cabinet 下載到完整的設計與圖說，也歡迎你在這個網頁上分享成果！

CARDBOARD

文：卡里布・卡夫特　譯：呂紹柔

Creativity

創意紙板眼鏡

用這些簡單的小技巧改良你的簡易GOOGLE VR眼鏡

若要涉獵VR虛擬實境和360度影片，目前為止最便宜且最容易取得的選項非Google Cardboard莫屬。它是個可折疊的智慧型手機頭戴式顯示器，用以提供VR體驗。Google從2014年六月開始生產並販售，已賣出超過五百萬臺。透過Google直接購買，一臺的價錢為15美元，相當合理，還能有各種不同的選擇，從便宜的路邊攤價錢4美元套件（比單買部分零件還便宜！），到華麗的射出成形成型全配版本都有。不管是哪一個模組，都能提供不相上下的VR體驗，唯一的差別在於設備的人體工學部分而已。

雖然Google Cardboard相當優秀，但仍有些地方稍嫌不足。這裡有幾個改造方式，能大幅改善使用者經驗。●●

●

卡里布・卡夫特
Caleb Kraft
傾向客製化或修改東西，即使完全沒有必要這樣做。他個人VR工具蒐集品中常見額外的皮帶、布料及富藝術氣息的改造。

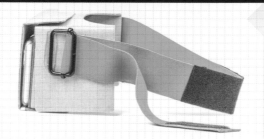

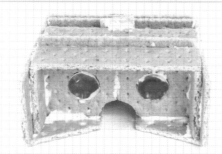

免手持 Google Cardboard原本設計成手持，但是扶著設備抵在臉上相當惱人。在Cardboard上加裝一條彈性皮帶，就能讓設備像滑雪眼鏡一樣固定在頭上。另外再加一條皮帶在頭頂，可以增加穩固性，也能讓穿戴起來感覺更輕盈。你可以在休閒用品店選購任一種彈性皮帶，固定在你的Cardboard上（紙板超棒的對吧？）使用兩條皮帶跟一小段魔鬼氈，就可以隨頭型大小調整。

零沾染 使用Google Cardboard的時候，臉上的油會讓Cardboard掉色。你可以透過裝飾設備朝向臉部的那面來解決這個問題。在朝向臉部的那面貼上一塊布，不但可以讓設備看起來更美觀，摸起來也比較舒適。選一塊深色柔軟的布料，並用口紅膠將其固定——液體狀的膠水會滲透到布裡面，讓布變硬而摩擦到你的臉。你也可以使用本身具有黏性的泡綿膠，或是一般的手工藝泡綿加上口紅膠，來包覆尖銳的邊角。

防飢餓 所有的Cardboard變化都是從最基本的設計開始：一對焦距45mm的雙凸透鏡放置在距離手機螢幕40mm處，其他部分只是將所有的零件固定在一起而已。你可以下載Goolge設計圖，或是自己發神經從頭設計也可以。我們用全麥餅乾和糖霜做了一個可以吃的版本，把餅乾黏在一起就像在做薑餅屋一樣。可以一邊看VR，一邊把除了鏡片的部分吃光光！

Hep Svadja

歡迎來到我的世界
打造VR軟體是在為我們還想像不到的新問題建立解決方案

The FOO Show 測試片的實際畫面；威爾・史密斯（左）與遊戲創作者肖恩・瓦納曼（Sean Vanaman）（中）及傑克・羅德金（Jake Rodkin）（右）討論熱門電玩遊戲《救火者》。

WELCOME TO MY *World*

文：威爾・史密斯　譯：張婉秦

Norman Chan

威爾・史密斯
Will Smith

是FOO VR的創辦人與CEO，也是《The FOO Show》的主持人，這是一個3D VR互動脫口秀。除了《The FOO Show》，FOO VR也建置軟體，讓製作如電視般的VR互動內容比之前的軟體更快、更簡單。你也是許從Tested.com、Tested的YouTube頻道認識威爾，他也是《Maximum PC》的編輯。你可以追蹤他的Twitter @ willsmith。

FOO VR

去年在電玩遊戲大會一個小房間裡，是我首次瞭解到虛擬實境如何強大的時刻。這是我第一次體驗社交VR，第一次跟其他人分享虛擬空間。雖然處在同一個房間的人只是用簡單的線條描繪出頭跟手，但這個體驗本身是具有革命性的。在那段時間，我跟其他人的虛擬化身互動，就好像真人親臨現場一樣，我能注意並詮釋細微的身體語言，這在其他溝通形式，例如視訊或電話中，都是無法呈現的。

就在那一刻，我理解到，現在我們透過影片可以做的事，在VR世界中能做到更多。

如果在虛擬化身沒有四肢、眼睛跟嘴巴的時候，我仍能解讀其身體語言，那麼更真實的虛擬化身就能傳遞人類真實的情緒。電視、電影、網路影片，以及更多其他面向都會因此而改變。我花了一些時間

Eric Florenzano

才理解到這點，但正因為這樣，我辭去了在 Tested 的大好工作，創辦自己的 VR 軟體公司。正是那一刻，我意識到我們可以在虛擬世界中講述精彩非凡的故事。

我想要打造精彩的虛擬世界。這正是 FOO VR 公司的目標，我們也製作了第一個虛擬脫口秀《The FOO Show》。

不過，我似乎超前了一點。至少，VR 是一項革命性的科技，因為它代表人類能以更自然的方式與電腦互動。人類的大腦天生就理解三維空間，因為 3D 就是我們生存的環境——我們生命中每個意識都是發生在三維的世界中，這是一個真實的世界。

「但是，」你會說，「我已經在電腦上使用 3D 應用程式 20 年了。」這的確沒錯……從某個角度來說。當你使用 3D 應用程式，不論是遊戲或是 CAD 程式，在傳統電腦螢幕上，你實際看到的是 3D 場景的 2D 投影。我們在限制之下打造 2D 介面，並使用一些技術增加 2D 投影的深度。但是當你看到一個 3D 物體投影在 2D 螢幕上，仍會想要查看影子，並試著根據影子來判別 3D 形狀。

我總是覺得使用傳統 CAD 介面很不順暢，也覺得用大部分 3D 模擬軟體的 XY/YZ/XZ 視窗規範來創建想要的物件很不容易。當我第一次使用 VR 中的雕塑和製圖軟體時，不需要做任何跳躍性的思考。我與虛擬對象互動的方式就跟與實際人物互動一模一樣，但是有更多的便利性，包括多次儲存檔案、複製、貼上，以及復原／重作指令。

我的結論：用 VR 操作物件對我來說簡單多了，只要用手就可以做出類似較為傳統的 2D 應用程式中 CAD 視窗的動作。我們的大腦天生就適應 3D 的特性，這帶來一個出乎預期、但是很有趣的副作用——VR 能為我們帶來比傳統遊戲更多的娛樂性。人們愛死探索 VR 的環境，撿拾、摸索道具跟場景，而且會做出一些簡單至極的基本肢體動作，像是丟紙飛機。

這時，我已經向幾百個人展示過我們的軟體。因為如此，我讓許多人首次擁有了實際的 VR 體驗，告訴你，這真的有趣極了。然而，在這些測試中我們也學到了最重要的課題，就是……

用手操控 VR 非常重要

使用遊戲搖桿、滑鼠或是鍵盤操控體驗 VR 就有點像試著用滑鼠簽名。不但笨拙，也無法如你所預期的動作，整個過程中你只會覺得挫折。另一方面，使用者馬上能充分了解如何使用手部控制器在虛擬環境中互動。如果讓使用者能握緊並進行撿拾東西的操控，那他們學會將不只是如何握緊，你也已經向他們展示如何把東西交給其他人，或是從房間一頭丟到另一頭；接著，就可以一步步增加進階的任務，例如分類物品、藏東西，甚至是縮小或放大。

對 VR 開發者來說，讓使用者以手控制有

Eric Florenzano

一個缺點，就是用戶會期望VR的環境能比傳統的遊戲更具互動性。當我們在測試環境中安裝一些小型道具，用戶就會嘗試要撿起它們；當我們讓用戶撿起這些物品，他們就會試著丟擲；當我們要他們丟擲，用戶就會期望東西回彈回來並跟其他東西互動。我們根本沒想到用戶會期望這些，但是很幸運地，我們……

儘早測試，經常測試

記得我有說到讓幾百個人體驗我們的VR測試軟體嗎？這不單只是為了好玩，每一次測試我們都會展示新東西，並藉由這次機會來獲得使用者對軟體的意見。這樣設置的好處是你可以觀看使用者的反應，同時從螢幕看到他們在經歷什麼。

在VR中的對話時間可能很長，我不喜歡在使用者戴著裝置的時候打斷他們問問題，所以在觀察測試者的時候最好同時做筆記，這很重要。如此一來，一旦他們卸下裝置，你就可以針對某個特定的體驗詢問。

有一點需要注意的是：每個人對於不同的VR體驗都會有不一樣的反應，所以你要儘可能增加測試的人數。除此之外……

不要讓使用者反胃

我們的第一條規定就是：不惜一切代價都不要讓使用者反胃。是的，酒類產業與主題樂園靠著讓顧客暈眩賺錢，但是我並不想要背負毀壞某個人一天這種罪名。因為VR軟體跟使用者的大腦有非常緊密的關聯——它完全掌控人的兩種感官——跟傳統軟體跟遊戲相比，VR開發者須背負更多的責任。我並不是說VR世界會出現「割草人」類型的重編程序，但是不良或是惡意

在《The FOO Show》試播節目中，因為有三位參與者，所以要把每個人加上三臺遊戲電腦跟三臺 Vive，塞在 20'×20' 的小空間裡。

觀看 100 個人想辦法抓取目標物，提供了我們深入的洞察，並應用來設計出使用者覺得合理的抓取方式。即使是簡單的任務，在 VR 中都是複雜的。

VR 設備讓史密斯得以在他們創造的場景中訪問遊戲《救火者》的幕後人員，這是以前無法做到的事情。更重要的是，在家裡的閱聽眾也可以進入這個場景。

大多數人不是很能理解脫口秀的概念，因此史密斯跟團隊模擬了一集，讓他自己採訪自己，聊聊關於公司的話題。「結果訪問自己反而更困難」，他表示。

的軟體絕對會讓使用者感到極端不舒服。

當大部分的人感受到他們看到的動作，跟他們內耳察覺的動作不一致（或是缺乏關聯），就會導致動暈症。如果佩戴頭盔的時間愈長，就會愈發感到不舒服，唯一的紓緩方式就是停下來休息一會兒。

好消息是，幾乎所有人都可以避免VR動暈症。身為開發者的責任是確保自己的應用平臺絕對不會降到目標圖框率以下，並避免用任何方式移動玩家的攝影機，因為這會讓他們感到不舒服。為了安全起見，我們絕不會從使用者那邊取得攝影機的控制權。

每當我們回答一個關於VR的問題，都會再衍生出更多的問題。過去十幾年我們從傳統硬體上學到的東西，並無法應用在VR上；因此我們需要那些對各種可能性感到興奮的人，他準備好打造出新的解決方案，來面對那些我們甚至還想像不到的問題。如果你想了解更多，我們固定會在 foovr.com/blog 分享資訊。

如果你想看看我們的作品，可以用VR頭盔的商店 storefront 搜尋 The FOO Show。目前可以用 Oculus 和 Vive 找到，也許等你看到這篇文章的時候，我們也會出現在 Gear VR 跟 PlayStation VR 上。

FOO VR

1+2+3 CD Case Hologram

CD盒全像投影

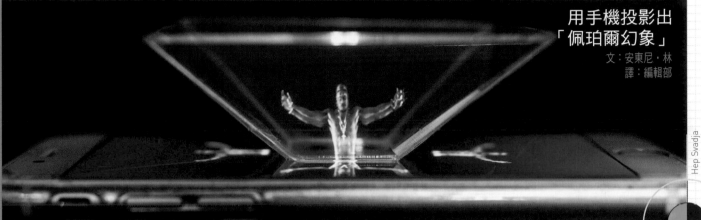

用手機投影出「佩珀爾幻象」

文：安東尼・林
譯：編輯部

Hep Svadja

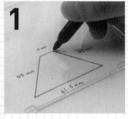
1

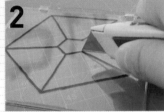
2

3

時間：
20～30分鐘
成本：
10～20美元

材料

» **CD盒小知識：** CD盒的正式名稱是CD寶石盒（CD jewel case）或寶石箱（jewel box），這是由於為飛利浦公司設計這款收納盒的設計師彼得・杜德森「對固定CD的結構特別要求，讓它能捕捉光線並閃閃發光。」
» **白色紙張**
» **透明膠帶**
» **智慧型手機**
» **美工刀**
» **筆**

安東尼・林
Anthony Lam

是《MAKE》的實驗室助理和工程實習生。他是一名專業工業設計師，對任何與科技、DIY專題和電玩有關的事物都很感興趣。

2012年，美國科切拉音樂節的舞臺上投射出了已故饒舌歌手吐派克（Tupac Shakur）的全像，栩栩如生的模樣另觀眾大感驚奇。吐派克載歌載舞的幻像使用的技術，最早在16世紀由義大利那不勒斯的科學家吉安巴蒂斯塔・德拉・波爾塔（Giambattista della Porta）提出，接著由亨利・德克斯（Henry Dircks）和約翰・亨利・佩珀爾進一步發展，因後者而得名「佩珀爾幻象」。

最初，這樣的投影需要一整個房間的設備才能進行。如今，你可以只用一座壓克力金字塔和智慧型手機，就可以自己投影一個小小的全像了。步驟如下：

1. 測量和標記

在紙上畫一個梯形，下底長61.5mm，上底長12mm，邊長則是43mm。接著在壓克力CD盒上用筆複製該梯形，重複4次。

2. 切割和剪裁

慢慢地用美工刀沿著CD盒上的描線切割，重複直到切穿為止。在拿出壓克力片時請小心，其邊緣可能會很鋒利。

3. 組裝金字塔

將4片壓克力片以43mm的那一邊相鄰排在一起，接著用細的透明膠帶彼此固定。黏貼好3個邊緣後，將它們折成金字塔的形狀，再固定剩餘的邊緣。

可以開始使用囉！ 只要把手機放在平坦的表面上，再將壓克力金字塔以上下顛倒的方式放在螢幕中央，然後用手機撥放youtube上面的特製影片——搜尋「全像投影」（pyramid hologram）就可以找到了。就像魔術一般，你將會看到舞動的全像漂浮在半空中。 ◐ ◑ ◒ ◓

Anthony Lam

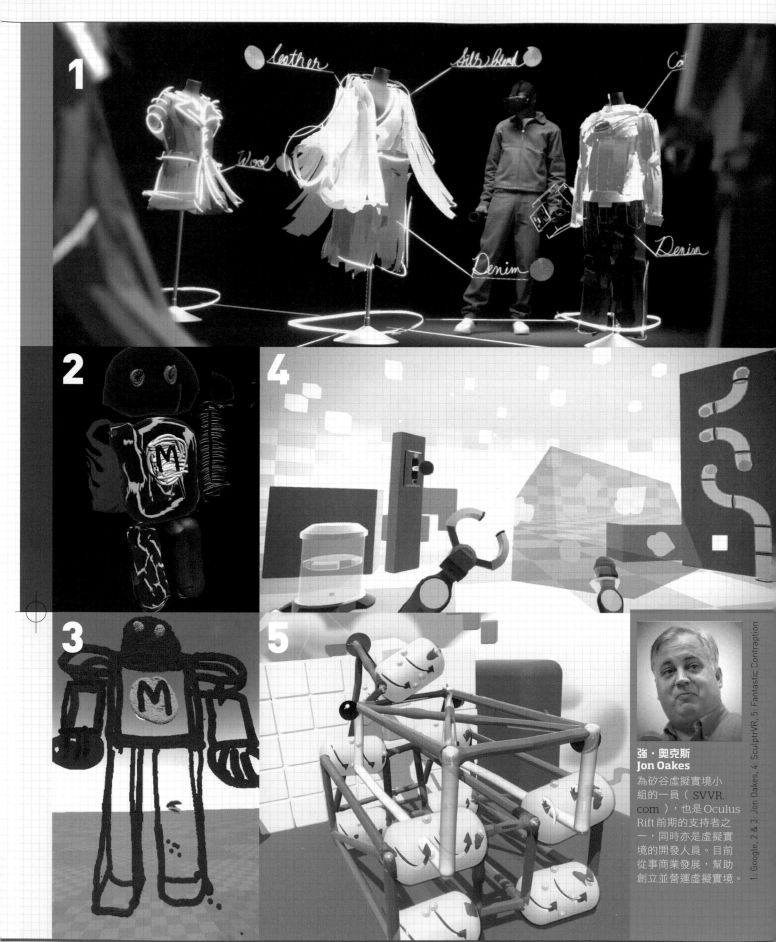

強·奧克斯
Jon Oakes
為矽谷虛擬實境小
組的一員（ SVVR.
com ），也是Oculus
Rift 前期的支持者之
一，同時亦是虛擬實
境的開發人員。目前
從事商業發展，幫助
創立並營運虛擬實境。

1: Google, 2 & 3: Jon Oakes, 4: SculptrVR, 5: Fantastic Contraption

虛擬創意 用這些VR軟體工具 來進行設計、組裝及建造
VIRTUAL Creation

文：喬恩・奧克斯 譯：呂紹柔

VR虛擬實境不僅是遊戲與有趣的體驗，我們現今所用的創意軟體都有可能擁有相對應的虛擬實境，可以將你放進自己所設計的空間裡；有些還可以透過3D列印，讓你將數位作品帶到真實世界。以下是我目前喜歡的幾項，還有數個新應用程式，敬請期待。

繪畫與雕塑

帶你超脫平面畫布與螢幕，讓你在3D的環境打造數位大師級作品。

1.TILT BRUSH   tiltbrush.com

Tilt Brush是首款大受歡迎的VR繪畫程式。程式設計成讓你一手拿畫筆，一手拿各種繪圖工具、筆刷、顏料。畫家不僅可以在他們面前的平面揮灑創作，還能往各個方向塗抹，不管是上、下、左、右、背面等。這種繪畫經驗相當難得，不但能繪圖，更能往前一步邁進，從不同的角度調整繪圖。

藝術展覽已經秀過畫家現場創造狂野的3D全景，你可以上YouTube搜尋這些展演的重播片段。看來就算是未受過訓練的畫家也相當喜歡使用這套工具。這些工具可以做為一些點子的簡易3D草稿畫板，例如概略設計一張新的椅子或桌子，或是任何有實體尺寸的物體，你可以在更進一步規劃細節前，先透過VR看看它3D的樣子。

2.PAINTLAB   paintlabvr.com

PaintLab相較之下是新款的藝術類虛擬實境，目前格外吸引人的賣點在於它是免費的。雖然PaintLab宣稱它有相當廣泛類型的3D繪畫功能，但是這可能需要比較有心的使用者才會用心去使用與發掘。開發者非常積極的加入新的功能，以及解決使用者個問題，其中一個貼心的選項就是在你的雕塑作品上「噴漆」，所以想在你的3D作品上嘗試不同的顏色的話，PaintLab是個相當好的選擇。

3.SCULPTRVR   sculptrvr.com

SculptrVR宣稱自己是個打造世界的遊戲，使用立體像素（voxels），一種看起來像是Minecraft遊戲裡會出現的那種可以組裝的3D磚塊，來繪畫你所屬的空間。其特殊功能是讓使用者可以打造自己，可以把自己變成巨人般巨大，也可以縮小成如螞蟻般渺小，還能隨心所欲加入各種細節。

這套虛擬實境支援一些簡單的物理與物體互動，還有一些有趣的元素，例如可以用火箭槍朝你的世界開火，把它炸掉。除此之外，還能把你的創作匯出到3D印表機印出來。

物理沙盒

如果你想在虛擬空間來去自如，或者你是虛擬實境的新手，有幾個應用程式你得看看、學習如何使用。

4.MODBOX   alientrap.org/games/modbox

MODBOX就像是頂級的VR物理積木套組。雖然這套應用程式仍在發展的前期，但它的使用者社群已經在其中展現了一些令人驚豔的遊戲概念。這個產品本身沒有包含任何遊戲，這嚴格來說就是一套工具，讓你可以打造一個保齡球軌道、靶場，或3D重現鬼屋大廈，遊走其中。開發者承諾接下來的幾個月會支援遊戲模組和不同磚塊設定。雖然不完全具備精確的物理性，但仍可以見到Maker利用MODBOX迅速地繪製簡單的機械概念草圖，或是進行房間大的實驗，看看它是如何運作。不過最有價值的，或許是實踐的過程中所帶給你的想像吧。

5.FANTASTIC CONTRAPTION
fantasticcontraption.com

在這款迷宮遊戲裡，佩戴者必須打造出3D機器以將發亮的粉紅球運送到目的地。聽起來簡單，但是要迅速完成相當困難。從Maker的角度來看這款遊戲，很棒的一點是它提倡實驗性。許多遊戲階段沒有既定的目標，玩家可以創造音樂木琴、想像的直升機，或任何所能想到的受魯布・戈德堡所啟發的組裝方式。●●●●

Razmig Mavlian

文：克雷格・柯登　譯：潘榮美

GATEWAY

虛擬實境（Virtual Reality，VR）科技目前還在襁褓階段。在新興科技中，硬體的不同會大大影響使用者經驗。以下，我們就來介紹幾種讓人躍躍欲試的VR硬體。

頭戴裝置

OCULUS RIFT

目前市面上最新潮的兩款VR系統之一。Rift在靠近使用者的一端裝設感測器，能記錄頭盔裡遠紅外線LED移動的位置和旋轉路徑。最近Rift還新增了Xbox One控制器，雖然遊戲玩家對這個裝置不陌生，但是Rift使用的版本並不包括原本的動作感測功能。搭配動作感測的專用控制器Touch會於2016年底開始另行販售。

- **價格**：$599美元
- **硬體及配件**：頭盔、感測器、遙控器、連接線、Xbox One 控制器。
- **控制器**：Xbox One控制器，可搭配Touch控制器（2016年底發售）
- **有線／無線**：頭盔與電腦以3條HDMI連接線連接。
- **缺點**：Rift需要使用高規格、附特定功能的電腦。請下載Oculus' Compatibility Tool效能工具來確認你的電腦是否達到標準。

HTC VIVE

這是另一個現在最頂尖的VR系統，它是HTC和Valve公司合作的實驗性產品，使用兩個雷射定位器來建立3D空間感，透過頭盔上的32個感測器記錄位移和旋轉過程。Vive有兩個手握控制器可即時感測手部動作。在虛擬空間裡，使用者會看到OS顯示的藍色界線，提醒你不要超出界外。

- **價格**：$799美元
- **硬體及配件**：頭盔、2個無線遙控器、2個雷射定位器、其他配件
- **控制器**：無線Vive控制器，共2個
- **有線／無線**：頭盔與電腦以3芯線束連接。
- **缺點**：同Rift，需要使用高規格的電腦。請下載SteamVR Performance Test 性能測試器來確認你的電腦能否負荷。

SAMSUNG GEAR VR

Gear VR由Oculus和Samsung共同打造，是以智慧型手機為基礎。Gear VR選擇使用Samsung Galaxy的新款手機取代高階電腦運作，剛好可以嵌進頭盔裡。它和Google Cardboard的設計類似，結合軟體和鏡片讓眼睛產生錯覺，創造一個虛擬世界的影像。不過除此之外，Gear VR不只有遙控器，還多出了感測器來配合手機的動作感測和觸控功能。

- **價格**：$99美元
- **硬體及配件**：頭盔（須另外購買專用Samsung手機）
- **控制器**：頭盔側附觸控板，可搭配控制器（須另購）
- **有線／無線**：無
- **缺點**：須搭配指定新款Samsung Galaxy手機使用

Hep Svadja

Gear

推開虛擬實境大門

你會需要這些硬體設備來進入VR的世界

互動介面

Hep Svadja

ZSPACE

ZSpace針對課堂教學活動設計，內建四個相機，透過特製眼鏡追蹤頭部動作，在使用者移動時創造立體空間的視差。同時，可以使用專用觸控筆來操控虛擬世界裡的物品，與螢幕裡栩栩如生的3D空間互動。由於是針對教學活動設計，之前主要搭配Newton's Park程式使用，學生可以動手設計魯布・戈德堡機械等，透過有趣的實驗來學習基礎物理。

- 價格：請洽zSpace
- 尺寸：25.4"×16.5"×2.8"（收合後）
- 控制器：觸控筆

LEAP MOTION

Leap Motion控制器在2012年就出現在許多業餘玩家活動中，但是還未在市面上普及。不過後來其擴充Orion軟體更新，加上VR熱潮再起，製造商決定讓我們的科幻虛擬世界夢想成真。這個小小的USB感測器可搭配多種VR系統，追蹤手部和手指的動作，給你一雙虛擬的手，與你從頭盔中看見的世界互動。

- 價格：$80美元（網路購買有更多優惠）
- 尺寸：5"×5"×2"
- 控制器：你的手！

CORSAIR BULLDOG

VR產品何其多，不過這款CORSAIR BULLDOG也能聰明結合現有的A/V硬體，加上足夠的空間能裝進HG10附檔板顯示卡。現在市面已有販售它的DIY套件，使用Intel主機板並支援DDR4。不過最近Corsair也計劃要在今年夏天釋出一體成形的Bulldog，以及給自造玩家的升級版DIY套件。

- 價格：$399美元（DIY套件價，不含GPU顯示核心。可參考corsair.com尋找更多推薦商品。）
- 尺寸：15"×18"×5½"
- 主機板：Mini-ITX搭配Intel Z170晶片
- 冷卻系統：Hydro Series H5 SF CPU 水冷散熱器

zSpace

FULL *Immersion*

用最新相機捕捉360°全景世界，
再用VR裝備進去一探究竟！
身歷其境

文：卡里布·卡夫特　譯：潘榮美

VR裝備最好玩、最新穎的部分之一，就是令人彷彿身歷其境的360°全景影像。要達到這件事情，其實只要簡單地拿起你的行動裝置轉一圈，並使用 Google Cardboard，或是其他更新、更高階的VR頭盔就行了。

不管是一般影像還是全景影像，都有各種等級的成影設備，從超傻瓜到超高級都有。

目前主要有兩種相機可以製作全景影像。一種是一般的快門相機；另一種則複雜得多，將多臺相機的影像同步，使細節更清晰，甚至可以錄製立體影像。

快門相機

這種類型的相機，價格通常不超過500美元。最多人購買的有360 Fly、Kodak SP360、Ricoh Theta S。這幾款相機都只須簡單攝影，上傳到全景相片編輯器就搞定。不用跟一堆硬體零件、各式各樣的電池，或超複雜的軟體混戰，用起來超輕鬆。只是當你發現解析度不是很高的時候，就沒有那麼爽囉。

多相機組

專業人士通常會使用設有數臺相機的多相機組，來拍攝不同的角度，最常使用的莫過於 GoPro 系列。你可以購買現成的，也可以用 Thingiverse 等網站提供的設計圖來組裝自己的相機。相機的數量和擺設角度因人而異，端視你期望的影像品質而定。相機數量愈多，解析度也愈高，轉譯出來的成品就愈清晰。你可以發現至少都有 6 臺，有些人甚至使用超過 16 臺。

當然，如果你用一排相機大軍來攝影的話，一定要設定好相同曝光並同步快門時間。最後就可以使用各種軟體將拍攝好的影像「編織」在一起，成為高解析度的全景影像。

多相機組的拍攝方式還有個好處，就是可以把相機數量加倍，拍攝出立體影像或 3D 影片。

2012 法拉利 FF 引擎的全景相片。想一窺更多 600HP 高畫質的 12 氣缸引擎，請上 carsupclose.com。

360°影像拍攝訣竅

拍攝360°全景影像時，有些事情要銘記在心：

- 不要擋在鏡頭前面！我們看得到你！記得相片會把所有東西拍進去！

- 如果你要錄影，請不要在全景影片裡發神經似地亂動，會擾亂視線。你只要把頭前後一甩，觀眾很快就會瘋掉。可以試著分出三個120°的區塊，慢慢地從其中一個區塊移動到另一個。

360 Fly

Kodak SP360

Ricoh Theta S

LET'S GET *Real*

我們玩真的
這些道具使虛擬實境成為真實體驗

文：麗沙·馬汀　譯：潘榮美

你的VR體驗不該只限於轉頭觀看東西，或是移動遊戲控制器的搖桿而已。Maker們和遊戲公司已經進一步拓展虛擬與真實之間的國界——溫度變化、花樣百出的控制器、持續送風，以及實際動作等的各種體驗。下面會提到一些好點子，你也可以用VR設備變出新玩法！

抵抗地心引力
revresh.com/paraparachute

愛德華·赫基（Eward Hage）與凱文·德克森（Kevin Derksen）把你用安全帶和固定器綁在真的降落傘上，這樣就可以更進一步體驗他們的降落傘模擬器了（圖❶）！這個最後的成果名為「超級降落傘」（Para Parachute），用絞盤把玩家舉起來，讓他們在空中俯臥，然後在遊戲中的降落傘放開同時，把他們變成垂直姿勢丟下去。有了Oculus Rift頭罩，加上雙腳懸空，這感覺就像玩真的。這個例子完美示範了如何用控制器搭配適合的感測器，加入小道具，讓使用者徹底進入另一個世界。

我是一隻小小鳥
somniacs.co

蘇黎世藝術大學（Zurich University of the Arts）的一群互動藝術家決定要捕捉鳥類在城市中穿梭的第一手體驗，因此打造了Birdly（圖❷）。這項裝置的特別之處，在於同時能進行控制與反饋的動作介面。玩家能躺在這個平板上，拍打及旋轉「翅膀」，來控制方向和速度，在虛擬的都會間飛翔。如果前方有風吹拂你的臉龐，平臺就會顫抖傾斜，給予你全身上下的體驗。我是說，鳥身上下。

水深火熱
whirlwindvr.com/pages/vortx

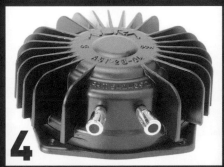

在鬼屋裡，用空氣加壓來嚇人早就不稀奇了。在VR遊戲中，也可以使用這招來製造一點刺激感：用小小的空氣砲模仿掠過的子彈，用更大的模仿炸彈效果。在2016年的遊戲開發者大會（Game Developer Conference，GDC）上，我們發現了這款Whirlwind VR的Vortx（圖❸）。它還增加了熱度的效果，讓你可以感受到營火的溫度——或是你身後那隻巨龍的吐息。

當頭棒喝 *

或者，你只是想要讓屁股多點刺激，可以在你的沙發下面直接裝個「低頻振動器」（bass shaker）。這種裝置會向接觸的物體傳送低頻震動。你可以直接買一個（圖❹），不過直接改裝音響的低音砲（subwoofer）來做一個也十分簡單（在YouTube上就能找到不錯的教學影片）。接著，只要把低頻振動器安裝在沙發或椅子中央的主樑下面，就能得到最大的震動效果。如果想要站著體驗天搖地動的感覺，只要做一個簡單的木製平臺，再把低頻振動器固定上去就行了。

* 中文編輯部註：原文為「a kick in the butt」。

動起來！動起來！

像Infinadeck、Virtusphere（圖❺）或CyberWalk等系統，已經更進一步，讓你在虛擬世界裡也可以真的走動。其實原理很簡單：當你往某個方向走，介面平臺就往反方向移動，跟跑步機一樣。不過當你要把更多種方向加進來時，可要動點腦筋了。目前已經有輸送帶能在X軸和Y軸動作，甚至是在滾輪上放置巨大的人體滾球（hamster ball）。現在的系統都還不完備（以後就難說了），所以請做好跌倒的心理準備。

Revresh, SOMNIACS, WhirlwindVR, Parts Express - parts-express.com, Virtusphere, Inc

Skill Builder

丙烷與火焰 效果入門

學習丙烷的相關基礎知識、製造低壓丙烷的技巧及各種應用方式！

文：山謬・柏尼爾　譯：孟令函

丙烷是相當常見的燃料來源。

鐵匠使用丙烷來點燃明火；藝術家、Maker則利用丙烷來創造各種火焰效果，例如火炬、噴火、火音之舞（Rubens' tube）以及各種視覺效果。丙烷幾乎隨處可見、無毒，只要有簡單的預防措施，很容易就能安全使用。

我有火焰效果操作（FEO）執照，在檢視其他人跟丙烷有關的製造專題時常常發現，我需要向這些人解釋，為什麼他們的專題、裝置、火焰效果不安全。大部分都是因為他們對丙烷的基本知識不足、不夠了解丙烷的特性。

要了解丙烷，並不需要具備大量的化學、工程知識。我寫了一本書：《Make: Fire》，這本書裡有使用丙烷的一切知識，讓你能夠安全使用這種超級方便的燃料。

以下是製作簡易低壓丙烷來源的方法，可以應用於各種有趣的專題，另外還列出了必要的設備、常見的操作錯誤，讓大家可以注意、避免。

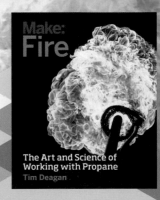

Make: Fire

The Art and Science of Working with Propane
Tim Deagan

提姆・迪根
Tim Deagan
樂於製造各種事物。在位於德州奧斯丁的店裡，他澆鑄、印刷、拍片、焊接，運用各種技巧，當然，也做夢。他是個職涯規劃師，設計、寫作、程式碼除錯都是他維持生計的方法。他為《MAKE》、《Nuts & Volts》、《Lotus Notes Advisor》、《Database Advisor》這幾本雜誌寫文章。

此文改寫自《Make: Fire》，可於Maker Shed網站（maker-shed.com）與大型書店購得。

Hep Svadja

丙烷的特性

以化學特性來說，丙烷非常安全，它無毒、無致癌風險，無色且無臭。平常我們聞到的臭味其實是丙烷中的添加物——乙硫醇，添加的目的就是為了讓丙烷外洩時大家可以輕易發現。

但從物理特性來看，丙烷則非常危險，這與其壓力及溫度特性有關。丙烷可能會造成爆炸、燃燒、凍傷、窒息等事故，但相較於其他燃料的特性，只要有安全的使用方法就可以避免這些危險事故。

空氣-燃料混合

在正常的溫度與壓力下，液態丙烷在轉變成氣態時會放大270倍（圖Ⓐ）。然而氣態丙烷會與空氣混合（此一可燃性氣體約為5%丙烷混合95%的空氣），混合後的可燃性氣體總量會比單單只有丙烷時大上許多（圖Ⓑ）。

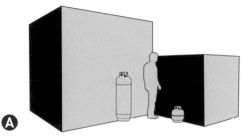

Ⓐ 未加壓氣體與氣瓶大小之比較。一瓶20加侖大小的液態丙烷會放大為721立方英尺的純氣態丙烷。一瓶5加侖大小的液態丙烷會放大為180立方英尺的純氣態丙烷。

Ⓑ 與空氣混合後的可燃性氣體則是純氣態丙烷的20倍大。一瓶20加侖的液態丙烷加上5%空氣會形成14,556立方英尺的可燃性氣體。一瓶5加侖的液態丙烷加上5%空氣會形成3,639立方英尺的可燃性氣體。

比空氣重

氣態丙烷是空氣的1.5倍重，因此丙烷在空氣中會下沉。這種特性很重要，如果室內的丙烷管線滲漏，丙烷會聚集在整個室內空間的底部，可能會使室內空間裡的人中毒窒息或是造成爆炸。

強大的溶解力

液態丙烷是強大的溶解劑，可以分解石油分餾物、植物油與脂肪、天然橡膠、硫、氧、氮的有機化合物。紅色乙炔焊接管或其他天然橡膠管因其合成物成分，皆不適合用來輸送丙烷，其他任何包含橡膠O型環及密封墊的設備也都不適用。

丙烷不會腐蝕、分解金屬、PVC、PE材質，不過丙烷的壓力或溫度有可能造成這些材質劣化（有可能是很嚴重的劣化）。

丙烷氣瓶裡包含了液體與氣體。

液體與氣體

在一般壓力下，丙烷會在-44°F（-42.2°C）的溫度沸騰，所以我們所見的未受壓丙烷都是氣態。在室溫狀態下，丙烷氣瓶中的液態丙烷會沸騰成為氣態，直到氣態丙烷的量剛好充滿氣瓶中的頂部空間，這些氣瓶中的氣態丙烷會提供足夠的壓力維持氣瓶中的平衡狀態，並讓氣瓶中剩下的丙烷保持液態。

燃燒丙烷

對大部分的讀者來說，使用丙烷的目的就是為了要燃燒！

» 非是在高於920°F（493°C）的環境下，否則丙烷必須有火花才能在空氣中點燃。

» 丙烷需要在特定的空氣-丙烷比例下才能燃燒，一般來說這個比例介於2.1%～10.1%之間。

» 想要在燃燒丙烷時不產生汙染，丙烷在空氣中的比例須為4.2%，在這樣的比例下可以形成完全燃燒，只會產生二氧化碳和水（給化學家或熱愛酷炫名詞的你：這就叫「當量燃燒」）。

而較少比例的丙烷會造成稀薄燃燒，在這種狀況下火焰會從燃燒處升起並試著向外跑，這種氧化焰會釋放額外的氧氣到大氣中。

較濃的丙烷比例燃燒後會形成巨大的黃色火焰，這種還原炎會將空氣中的氧氣搶走，形成一氧化碳（CO），也可能會產生煙灰（碳）。

打造低壓
丙烷
供氣閥

Maker 們打造的（還有我書裡列出的那些）丙烷相關專題，通常都只需要基本的低壓供氣來源。這種基本設備所需的零組件都是標準尺寸，在大型量販店、當地的水電材料批發零售商，甚至網路上都可以購得。這組供氣閥可以供給大約½（0.5）磅力／平方英寸的氣體丙烷，可以讓你安全打造低壓燃料供給相關專題，也能讓你學到天然氣管件的正確組裝、硬銲方法。

雖然這是低壓供氣閥的製作專題，但我還是希望大家都使用適用於高壓的輸氣管，對我來說，在自己的丙烷工具組裡混放高壓、低壓輸氣管是很危險的。適用於高壓的管子用在低壓環境當然沒問題，但是如果情況相反過來就危險了。所以寧可多花一點錢，確保你所使用的管子是各種環境都適用的等級。

在我的書裡，每個專題都會列出示意圖和方塊圖。示意圖（圖**A**）中標示了各部分的功能，方塊圖（圖**B**）則是詳細點出各個零組件的位置。你也可以直接將方塊圖當做組裝指南。

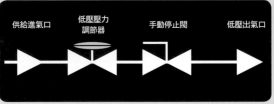

| 供給進氣口 | 低壓壓力調節器 | 手動停止閥 | 低壓出氣口 |

A 低壓供氣示意圖

分解步驟

先將低壓供氣閥組裝好，再裝到氣瓶上。

1. 首先用止洩帶黏貼並旋入 ³⁄₈" 雙公頭黃銅連接器的兩端（**F1**），將其中一端旋上低壓壓力調節器並旋緊（**R1**），另一端則旋上球塞閥並旋緊（**V1**）。

2. 用黃色鐵氟龍止洩帶黏貼公母黃銅襯套（**F2**）並將其旋進球塞閥。

3. 用止洩帶黏貼輸氣管的公頭（**G2**）並將其旋進一端已連接球塞閥的襯套。

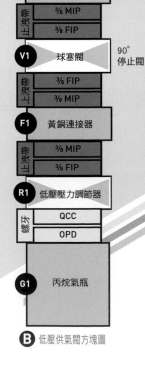

³⁄₈ FFL	
高壓輸氣管	長度最少 10英尺
G2 ¼ MIP	
¼ FIP	
F2 黃銅襯套	
³⁄₈ MIP	
³⁄₈ FIP	
V1 球塞閥	90° 停止閥
³⁄₈ FIP	
³⁄₈ MIP	
F1 黃銅連接器	
³⁄₈ MIP	
³⁄₈ FIP	
R1 低壓壓力調節器	
QCC	
OPD	
G1 丙烷氣瓶	

B 低壓供氣閥方塊圖

Tim Deagan, James Burke

滲漏測試

1. 先戴上安全護目鏡，確認球塞閥已關上。

2. 將壓力調節器的QCC配件接到丙烷氣瓶上，先不貼鐵氟龍止洩帶。如果你使用的壓力調節器配件上有一圈大的塑膠握把，就可以直接用手旋入；如果沒有那圈塑膠握把，就要與用扳手旋緊，但也別旋得太緊，有些穩定器如果旋得太緊就無法順利輸送丙烷了。

3. 把氣瓶的氣閥開到全開，然後往回轉約半圈。

4. 裝一些肥皂水在噴霧瓶裡，將肥皂水噴噴撒在氣瓶與球塞閥之間的配件上（圖C），確認是否有泡泡跑出來。如果有泡泡，將整個裝置減壓，並將連接處再旋緊一點，直到泡泡停止冒出。你也可以加裝3/8"的銅牙塞，用來塞住輸氣管，這樣就可以測試球塞閥與輸氣管之間的連接是否有滲漏了。

5. 接著完全關閉氣瓶閥，再打開球塞閥使管線排空。

　以上就是打造低壓丙烷供氣裝置的方法，盡情享受各種使用火焰效果的樂趣吧。

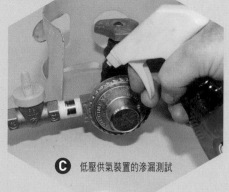

C 低壓供氣裝置的滲漏測試

材料

- » 丙烷氣瓶，標準型20lb（5加侖）
- » 丙烷壓力調節器，低壓用，如瓦斯調整器
- » 球塞閥，氣體用，3/8" FIP × 3/8" FIP
- » 丙烷輸氣管，高壓用，1/4"MIP × 3/8" FFL
- » 黃銅襯套，3/8" MIP × 3/8" FIP
- » 黃銅襯套，3/8" MIP × 1/4" FIP
- » 黃色鐵氟龍止洩帶（氣體用）
- » 3/8"銅牙塞配件（非必要），尺寸須符合輸氣管大小，供滲漏測試使用

工具

- » 可調式扳手（2）
- » 安全護目鏡
- » 噴霧瓶
- » 肥皂水
- » 毛巾

注意
請勿使用

白色鐵氟龍膠帶材質太薄，使用時容易破損，會在氣閥、配件上黏成一團。請使用氣體用黃色鐵氟龍止洩帶。

鑄鐵襯套鑄鐵材質太脆，會因為扭轉而裂開，而氣體也會因此滲漏。請使用黃銅襯套。

管夾不適用於承載氣壓，請使用已裝配管件的丙烷等級氣管。

塑膠氣閥一般是用來連接水管的，適於承載液體壓力，不適合承載氣體壓力。此外，塑膠也可能被丙烷腐蝕，請使用黃銅氣閥。

壓縮空氣管件這種管件非氣壓等級，有些還含有橡膠密封墊，接觸到丙烷時會腐蝕。請使用氣壓等級的管件以及材料合適的密封墊。

綑紮及旋緊管件的小技巧

以止洩帶綑紮連接處

我是個止洩帶愛好者。在我的書中也有提到，除了連接的管件以外，我會使用黃色鐵氟龍止洩帶來防止氣體外洩。利用止洩帶正確地加強連接處並不難，只要順時鐘繞管件四圈即可。繞第一圈時，用你的大拇指固定住止洩帶，別讓它滑掉，要稍微拉緊一點讓螺紋浮出來（不過也別太用力了），纏繞時記得確定止洩帶沒有凸出來擋住中間氣體通過的管道。纏繞完以後，用力拉止洩帶，直到它自己斷開。

拆除已經纏過止洩帶的連接管件時，要用鋼絲刷把螺紋上的殘膠都去除，公頭母頭都要記得清理，絕對不要在舊的止洩帶上再纏新的止洩帶。

止洩帶很便宜，所以只要你覺得纏得不好、不夠穩固，就把連接管件拆下來重纏，多花一點膠帶總比連接處不夠穩固來得划算。

怎樣才夠緊？

旋入管件時，怎樣才夠緊？可惜我只能跟你說：「只要不會滲漏就是夠緊」。這種標準需要你自己去感覺，我沒辦法精準地告訴你到底要轉幾圈。一般來說我在旋緊外牙螺紋式（NPT）管件時，我會先旋到覺得不太能再轉了，然後再多旋一兩圈。我知道這樣講很模稜兩可，因為不同管件的那種「不能再轉」的感覺不太一樣，大家對「不能再轉」的定義也不同。所以還是先把管件旋緊，再做滲漏測試吧，慢慢就會抓到那個感覺了。

還有另一個重要的小技巧，用一支扳手固定你想定住的地方，再用另一支扳手把其他部分旋上去。

山謬‧柏尼爾
Samuel Bernier
柏尼爾是法國新創設計公司
le FabShop的創意總監，
曾設計出著名的大象和一體
成型可動式Makey的3D
列印模型。他的第一本書
《3D列印設計》（暫譯）
（ Design for 3D Printing ）
由*Make:*出版。

紅色中密度纖維板
（MDF）上的 Makey，
以 inventables 的
CARVEY CNC 機具雕刻。

Fusion 360
CNC動手玩 *教你輕鬆將向量圖轉成木刻浮雕*

文：山謬‧柏尼爾
譯：李友君

軟體掌握了數位製造的關鍵。設計數位模型用的軟體眾多，還有將模型資料轉換為特定機械用的程式，以便做出實際物體。Autodesk的軟體Fusion 360就具備這兩種功能，深受 Maker 喜愛。儘管用起來既輕鬆又直覺，但也具備能夠自由曲面建模、彩現、組合及物理模擬的電腦輔助設計（CAD）模組，以及CNC銑床之類的電腦輔助製造（CAM）模組。想要學習Fusion 360且用過Inventor、Pro-Engineer、Catia和Solid Edge這些3D建模軟體的人，或許在改用新軟體時會

辛苦一點。Fusion 360與其他軟體最大的不同在於採用Autodesk的雲端平臺A360，裡頭可以儲存和分享設計圖。我很中意這項功能，要是沒了它就不曉得該怎麼活下去，尤其在團隊中工作時更是不可或缺。

看看這個CAD模組，能以各種格式輸出刀具路徑，因此可以用CNC銑床進行複雜的作業。

首先要做個安裝檔。這時要選擇想使用的銑床種類（ Fusion 360 也支援車床）。然後要設定材料尺寸，決定鑽頭起始點。

接下來要繼續進行其他種類的銑削作業（像是袋槽除料、平行銑削、2D輪廓銑削等），削除材料多餘的部分。進行這些步驟時需要選擇適當的工具（包括牛鼻銑刀、球端銑刀、倒角銑刀等——詳情請點選這裡）。假如想要使用的工具沒在列表上時，則可以在刀具資料庫上製作剖面圖再加進去。這裡要調整幾個選項，包括每條路徑的高度和公差，以及設定湯口的使用方式（用來支撐模型以免整塊完全切下來或晃動移位。事後再手工切割）。

假如對生成的刀具路徑模擬感到滿意的話，就轉換成所使用的CNC數控機格式，再傳送到後處理工具。

使用前須知

整體來看，Fusion 360這項軟體從設計到製造都很傑出。這裡要介紹我用向量繪圖製作木頭浮雕的方法。
Fusion 360的工作區能夠輕鬆選擇及讀取各種格式的3D檔案，然而現階段卻很難透過CAM模組使用STL或OBJ這些嵌入式網格實體。儘管備有將網格化為實體的工具，遇到巨大而複雜的檔案上卻行不通。不過各位可以放心，這個問題預計會在2016年改善。在那之前，要使用Thingiverse的檔案會有點困難。

Inventables

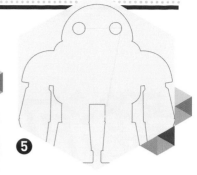

① Fusion 360可以讀取SVG圖像格式的檔案做為草圖。這裡就用我們可愛的Makey做示範。

② 讀取向量檔案之前要先畫草圖，衡量目標物的尺寸，邊想好長度邊畫線。這麼一來，就可以定出正確的尺寸。封閉形狀的內部要塗上橘色。3D功能可以適用在這個地方上。

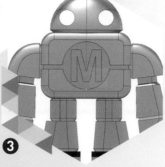

③ 建模工具相當淺顯易懂，要運用拉伸（Extrude）、旋轉（Revolve）、圓角（Fillet）和鏡像（Mirror）功能製作3D Makey。

④ 第一個生成的3D刀具路徑採用1/8"平端銑刀的適應性除料。機器人的尺寸為6又1/2"。

⑤ 這時下一個刀具路徑是沿著物件底面的2D輪廓，使用的銑刀跟之前的步驟相同。為了將模型牢牢固定到最後一刻，要啟用湯口，選擇形狀、厚度和位置。我是將湯口設定為寬度3mm，厚度0.75mm的三角形。

⑧ 沿著X軸弄完2D輪廓銑削和平行路徑的樣子。

⑦ 進行這道步驟時，我使用ShopBot Desktop，削切紅色的Valchromat牌中密度纖維板。照片為適應性除料後的結果。

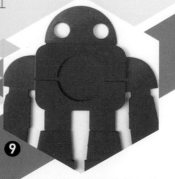

⑥ 最後是修飾的刀具路徑。這條刀具路徑採用1/8"的球端銑刀。路徑之間愈近，結果就會修飾得愈漂亮，但也愈花時間。SBP檔案也可以直接從Fusion 360的後處理工具輸出。

⑨ 將Makey用一字螺絲起子的前端折斷湯口之後，就可以輕鬆從板子上取下來。

⑩ 稍微用砂紙打磨，塗上透明漆之後，顏色就會變得鮮豔。之後再用雷射切割出胸前的M字，中密度纖維板Makey就完成了。

Samuel Bernier

發泡成型

如何裁切、接著及修飾發泡體來打造喜歡的外型

文：卡里布・卡夫特　譯：蘇怡婷

Olivier C

客製化無人機的社群正在流行改造用多泡構造（Foamies）的發泡體製作的機身。製作輕型的機身，加載在無人機上讓它看起來很帥。從幻想中的 One Make 航空器，到星際大戰裡登場的太空船，我看過各式各樣的作品。

要自己製作多泡構造的話，就必須擁有裁切、接著及修飾發泡體的技術。因此我想為各位介紹除了無人機愛好者以外，所有發泡體製作都能利用的基本技術。

裁切與成型

不管是哪種樣子的機體都得從裁切發泡體開始。對用做隔熱材的擠塑聚苯乙烯板來說，不管用哪種工具都能輕易裁切。即使刀子切不進去，也可以先切出縫隙再折斷。

如果是要大量切割發泡體、或是想裁切發泡聚苯乙烯板時就要使用熱切刀（自己也能製作喔，請參考 makezine.com/projects/make-16/5-minute-foam-factory）。以發泡聚苯乙烯板來說，要是沒有熱切刀的話裁切工作就是一場惡夢。刀子切下去時小顆粒會飛散，切斷面也不平整。

選擇發泡體

如果你走進一家材料行，你會發現有兩種主要的發泡體可以選擇，分別是擠塑聚苯乙烯板（擠塑板），以及發泡聚苯乙烯板（保麗龍）。

發泡聚苯乙烯板

是由許多小顆粒組成的，一目瞭然。雖然它很輕，但在製作上，特別是修飾上不易使用。因此我使用的是擠塑聚苯乙烯板。

擠塑聚苯乙烯板

通常是粉紅色或是綠色，以一大片的形式販售。很容易裁切，也能用砂紙磨，也能上色。雖然有一點重，但在家中作業的話，擠塑聚苯乙烯板容易使用得多了。

Hep Svadja

卡里布·卡夫特
Caleb Kraft
卡夫特曾製作出各式各樣的
遙控車及無人發
泡體外型。雖然沒有一個
漂亮到能分享給大家，
但他在過程中
獲益良多。

修飾

當用發泡體作出想要的形狀後，就用砂紙來修飾吧。以擠塑聚苯乙烯板來說，用 100 ～ 200 號的砂紙磨的話，就能修飾得很漂亮。先用 100 號左右的粗粒度磨出雛形，再漸漸換成細粒度磨。

當表面變得平滑後，為了讓外觀看起來更漂亮，以及要在碰撞時保護表面，我們需要上塗料。小道具的專家會在這個階段採用 Bondo 之類的車用塗料，但對於無人機來說，輕巧是最需要考慮的部份。

筆／馬克筆

有時讓機體看起來的樣子就
像發泡體一樣也十分足夠。
畫上一些圖樣後，
就能創作出自己專屬的
客製化感覺。

塗裝

藉由重複塗上油漆，
就能在不增加太多重量的情況下營
造氣派的外表。不過，不能太期待
油漆能發揮保護的效果。
有時也會因粗暴的著陸造成
無法修復的重大損傷。

接著

在大多數的情況下，必須要黏著各個零件或不同區塊，然而黏著發泡體意外地困難。絕對不要使用溶劑類的接著劑，因為溶劑會溶解發泡體，塗上接著劑後發泡體就會開一個洞。跟空氣接觸後才會乾的接著劑也不能使用。因為接著大面積的相同材料時，接著劑會乾不了。

Gorilla glue 是速乾型的接著劑，能牢牢地黏附材料。它乾燥後就會膨脹，因此溢出來的話就要擦乾淨。幾小時後，有一顆一顆黃色小顆粒沿著接著線出現的話也別太驚訝。

我在網路上有找到一個密技，就是用 Glidden 公司叫做 Gripper 的底材的方法。它也是快乾型，跟接著劑一樣能將發泡體強力地互相黏著。乾燥的部份能輕易用砂紙磨掉或切掉。

不管用哪個方法，都不要讓接著面出現縫隙，在接著之後要好好地加壓幫助黏附。如果有空隙的話，在稍後裁切時就會露出來。

接著劑或樹脂層

在塗上白膠（木工用接著劑之
類）再塗裝的話就能形成保護層。
雖然不是無敵的裝甲，
但比起只重複塗上塗料，
雖然塗油漆會增加一些重量，
但比較堅固，而且也能在
油漆上塗裝。

Hep Svadja, James Burke

Raspberry Pi Wi-Fi

Party Photo Booth

時間：
一個週末
成本：
150~200美元

Raspberry Pi Wi-Fi 派對大頭貼機

利用最新款Raspberry Pi 3製作觸控式大頭貼機，即時上傳照片至Google相簿

文：凱文·歐斯本、賈斯汀·蕭、程珍妮
譯：謝明珊

大家都喜歡在派對大頭貼機裡面拍搞怪照，然後上網分享，但任何人都不想貢獻自己的筆電，以免被瑪格麗特調酒或香檳酒滴到。

最近拜平價單板電腦所賜，你可以更輕鬆製作獨立大頭貼機，不用勞煩昂貴的個人電腦即可連上網路。這裡教大家一個簡單的方法，主要用到Raspberry Pi微型電腦和Raspberry Pi相機模組，不僅有觸控式螢幕，還可以自動發送相片（如果你想要的話）及上傳至Google相簿，其他人可透過取得密碼來進行瀏覽與分享，本專題所使用的皆為開源軟體。

2013年WyoLum在開源硬體高峰會（Open Hardware Summit）發表了Raspberry Pi大頭貼機，用以製作E Ink識別證的客製化影像，搭配Raspberry Pi以及我們的高人氣AlaMode Arduino相容板。我們的觸控式螢幕也很棒（國際中文版Vol.14中的《自製Raspberry Pi平板電腦》專題也是採用同一種），但是一分錢一分貨，所幸後來Raspberry Pi官方推出觸控式螢幕，Raspberry Pi 3甚至還整合Wi-Fi功能，簡直是為這個專題而打造！

於是我們重新設計大頭貼機專題，最後將整個機器安裝上小型支架，便於架在三腳架上面。支架可以用3D列印或雷射切割，有時間不妨可以自己做喜歡的外殼。

打造你的觸控式 Wi-Fi 大頭貼機

首先你要用適當的軟體設定Raspberry Pi，然後連接所有的硬體。我設定時偏好使用無線鍵盤，但有線鍵盤也無妨，反正完成最初設定之後，就可以使用SSH鍵盤了。

1.設定Raspberry Pi的作業系統

如果這是你第一個Raspberry Pi專題，請上raspberrypi.org/help/quick-start-guide參考快速入門指南。首先從raspberrypi.org/downloads/raspbian下載最新版Raspbian，也就是Raspberry Pi官方提供的Linux作業系統。

然後將Raspbian-Jessie.img 檔案複製到記憶卡（圖 Ⓐ），可使用Apple Pi Baker（Mac系統）或Win32DiskImager（一般電腦）。

將記憶卡插入Raspberry Pi，再連接上螢幕與鍵盤，同時也要連接上相機模組（待會再來連接觸控式螢幕）。

現在打開Raspberry Pi電源，開啟終端機，執行下列指令：

```
sudo raspi-config
```

按照設定選項（圖 Ⓑ），依序 （a）擴展檔案系統，（b）啟用鏡頭，（c）更改使用者密碼，（d）國際化設定（位置／時區），接著讓Raspberry Pi重開機。

```
1 Expand Filesystem           Ensures that all of the SD card storage is available to the OS
2 Change User Password        Change password for the default user (pi)
3 Enable Boot to Desktop/Scratch Choose whether to boot into a desktop environment, Scratch, or the command-l
4 Internationalisation Options Set up language and regional settings to match your location
5 Enable Camera               Enable this Pi to work with the Raspberry Pi Camera
6 Add to Rastrack             Add this Pi to the online Raspberry Pi Map (Rastrack)
7 Overclock                   Configure overclocking for your Pi
8 Advanced Options            Configure advanced settings
  About raspi-config          Information about this configuration tool
```

材料

» **Raspberry Pi 3 單板電腦，**附microSD 記憶卡。若使用舊款Raspberry Pi，可能須添購無線網卡
» **Raspberry Pi 相機模組** v2（8MP）或v1（5MP）
» **Raspberry Pi 7" 觸控螢幕，**附支架、螺絲和跳線
» **Micro-USB 電源供應器**就像手機充電器或行動電源，Raspberry Pi 3 至少要 2A 和5V，前幾代低功耗機型至少要700mA 和 5V
» **機械螺絲，**M2.5：10mm（2）、6mm（2），用於三腳架。若要放在桌上，改用 M2.5：14mm（2）、16mm（2）
» **機械螺絲，M2×6mm（4），**用來固定相機也可以用雙面泡綿膠帶，或者附螺帽的M1.5x8mm 螺絲
» **支架或外殼（非必要）**你可以 3D列印桌上型支架或三腳架支架，相機支架則可以 3D 列印或雷射切割：檔案請上 github.com/wyolum/ TouchSelfie/tree/master/ fabricate 下載，或者挑選你喜歡的外殼完成安裝。
» **六角螺帽，¼-20（非必要），**用於 3D 列印三腳架支架如果外殼體積比較大，不妨試試看音響專用支架，例如 Yamaha#ADP138

工具

» **可連接網路的電腦，**最初設定Raspberry Pi 會用到電腦，你需要免費軟體來運轉記憶卡，Mac 系統 ApplePiBaker請上 tweaking4all.com/software/macosx-software/ macosx-apple-pi-baker 下載，一般 PCWin32DiskImager 請上sourceforge.net/projects/win32diskimager 下載。
» **螢幕、鍵盤和滑鼠，**只有設定時會用到一旦專題大功告成，你只需要操控觸控式螢幕
» **3D 印表機或雷射切割機（非必要）。**如果你想客製專屬支架的話

凱文·歐斯本
Keven Osborn
住在麻省波士頓，起初是搞電腦的，大學畢業不久做過辦公設備、電玩和企業軟體。他現在白天製作原型，晚上設計開源電子產品。

賈斯汀·蕭
Justin Shaw
WyoLum的共同創辦人，住在華盛頓特區，主修數學，但最近喜歡與「真實世界」互動。玩過BASIC Stamp和PIC 微控制器，但自從用過Arduino平臺就回不去了。

程珍妮
Jenny Ching
畢業於羅耀拉瑪麗蒙特大學（LMU），取得機械工程的學士學位，副修中文（普通話）。喜歡設計和動手做，也喜歡與父親在木工坊共度工作時光。jenniferching.weebly.com

Hep Svadja

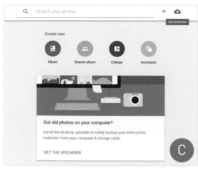

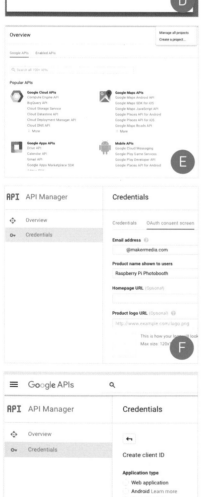

2.在Raspberry Pi安裝必要的平臺

將 Raspberry Pi 連接上網路（Wi-Fi或乙太），輸入下列指令：

```
sudo apt-get update
sudo apt-get install python-imaging
sudo apt-get install python-gdata
sudo apt-get install python-imaging- tk
sudo pip install --upgrade google- api-
python-client
sudo apt-get install luakit
sudo update-alternatives --config x-www-
browser
```

注意： 我們採用 LUAKIT 是因為，RASP-BIAN 預設瀏覽器無法操作 GOOGLE 第二階段的認證。

3.下載大頭貼機的腳本

在終端機執行下列指令：

```
mkdir git
cd git
git clone  https://github.com/wyolum/
TouchSelfie
```

注意： 確保執行下列步驟時持續連接網路，以便在 RASPBERRY PI 使用網路瀏覽器。

4.設定Google相簿

前 往 Google.com 建 立 Google 帳 戶（ 或 是使用現有的帳戶），接著連到 photos.google.com，建立一個新相簿，你至少要上傳一張照片（圖 C ）。

5.取得App專用密碼

前 往 http://myaccount.google.com/security，啟用兩階段認證，接著回到相同的網頁，點選「App密碼」，即會取得16個字的App密碼（圖 D ）。寫在你覺得不會搞丟的地方，待會將大頭貼機連接上Google相簿會用到。

注意： 如果不小心搞丟或忘記密碼也不用擔心，反正再取得新密碼就行了。

6.用Google Developers 控制臺建立API金鑰

登 入 Google 個 人 帳 戶，網 址 為 console.developers.google.com， 點 選「Select a project」，再點選「Create a project」，取任何你喜歡的名字（圖 E ）。

搞 定 新 專 題 之 後，點 選 左 選 單 的「Credentials」，再點選「OAuth consent screen」，你必須為產品命名，想取什麼名字都可以（圖 F ）。

接著選擇「Credentials」，點選「OAuth client ID」，再點選「Creat credentials」，把選單往下拉，在App類別點選「Other」，命名為「Intstalled」，點選「Create」（圖 G ）。

注意： 你不必真正啟用額外的 API，這裡只需要基本的認證和授權，亦即所有 API 皆適用的流程，至於大頭貼 API 不需要真正加入控制臺。

現在你會看到這個App的憑證清單，點選「Installed」憑證，點選「Download JSON」按 鍵，接 著 把「client_ secret_9032840923 8409238xxxxx.json」檔案下載至電腦（圖 H ）。

下 載 完 成 之 後，將 檔 案 重 新 命 名 為「OpenSelfie.json」（圖 I ），接著拖曳到/home/pi/git/TouchSelfie/scripts directory 這個路徑。

7.連接大頭貼App和Google相簿

先把相機模組連接至 Raspberry Pi，啟動 Raspberry Pi，開啟終端機，執行下列指令：

```
cd /home/pi/git/TouchSelfie/scripts py-
thon ./photobooth_gui.py
```

如果這是第一次操作大頭貼機介面（GUI），並沒有適合的憑證來連接Google帳戶，你的網路瀏覽器會跳出來，這時候登入Google（輸入你的email和密碼，先搞定前面的步驟），接著你要回答Raspberry Pi大頭貼機能否處理你的照片（圖 J ）。

點選「Allow」，接著會出現一長串數字和字母，複製後剪貼到終端機的視窗，不久就會要你輸入認證碼（圖 K ）。按「Enter」，如果一切順利，大頭貼機就會拍一張照片上傳至相簿！（如果失敗，就是哪裡設定錯誤了。）

若你尚未指定 Google Photos 的相簿，可能會出現相簿 ID 錯誤訊息，只好在 Raspberry Pi 開啟另一個終端機視窗，執行下列指令：

```
cd /home/pi/git/TouchSelfie/scripts
python ./listalbums.py
```

複製（或寫下）你想使用的相簿 ID。

在 /home/pi/git/TouchSelfie/scripts 的資料匣開啟 openselfie.conf 檔案，接著輸入 ID：albumid = XXXXXXXXXX（圖 L），你也可以使用大頭貼機 GUI 主選單的設定對話框。

這道手續只要做一次就行了，以後它會記住憑證並定期更新。憑證會儲存在 redentials.dat 檔案，如果你不小心刪除它，就要再跑一次流程，前提是 JSON 檔案還在的話。

疑難排解

如果出現「無法連接 Google 帳戶」的錯誤訊息，大概是因為 Google 會定期作廢憑證。更新憑證有下列步驟：

» 再度確認是否連接網路
» 從 scripts 資料匣移除 credentials.dat 檔案
» 執 行 下 列 指 令：cd /home/pi/git/TouchSelfie/ scripts
» 執 行 下 列 指 令：python ./photobooth_gui.py
» 允許進入 Google Photos
» 在終端機視窗重新輸入憑證

8.客製化訊息和LOGO

當你停留在 openselfie.conf 檔案（或 GUI 設定），你可以自訂大頭貼機的訊息，只要按照個人喜好編輯下列文字，以斜體呈現：

```
emailsubject = Subject line of your
email
emailmsg = Message that accompanies
email
photo caption = Photo caption on Google
Photos account
logopng = logo.png
albumid = XXXXXXXXXX
```

為了客製化印在每張照片的 Logo，只要在 /pi/ git/TouchSelfie/scripts 資料匣儲存新的 PNG 檔案（1366x235 像素，透明度看個人喜好），接著再度啟動大頭貼機（ photobooth_gui. py ），點選「 Customize 」。「 Logo File 」旁邊會跳出一個視窗，點選「 Browse 」。選擇你的檔案後開啟，就能預覽新的 Logo，你覺得沒問題就點選「 Done 」。

9.啟用全螢幕和觸控式鍵盤

重新開啟 photobooth_gui.py 檔案，刪除 #root. attributes 的 #，現在大頭貼機介面就可以在觸控式螢幕上以全螢幕顯示了。

一旦 Raspberry Pi 3 連接上觸控式螢幕，你會完全不想用 USB 鍵盤打指令。要安裝觸控式鍵盤，只要參考 makezine. com/go/matchbox-keyboard 按部就班設定就行了。

10.製作支架（非必要）

我們要 3D 列印簡易的支架，讓大頭貼機可以立在桌上，或是裝在標準三腳架上（下一頁圖 N）。如果你比較在乎外觀，也可以用 1/16" 壓克力雷射切割出支架，但 3D 列印的支架比較耐用。從 github.com/ wyolum/TouchSelfie/tree/master/fabricate 下載檔案。

» 桌上型支架：列印檔案 camera_mount. stl 和 PiTouchScreenStand.stl，這會用到 M2.5×14mm 和 M2.5×16mm 各兩個螺絲。
» 三腳架支架：程珍妮在本刊中更新過這種支架的作法，果然進步不少。列印檔案 PiTouchScreenMount.stl 和 PiCameraMount. stl，改用 M2.5×10mm 和 M2.5×6mm 螺絲。

11.組裝大頭貼機

利用螺絲與支架將 Raspberry Pi 3 和觸控式螢幕固定在一起，觸控式螢幕的排線連接 Raspberry Pi 標示著「 Display 」的接頭，以紅色跳線連接螢幕 5V 接腳和 Raspberry Pi 的 GPIO 接腳 2，以黑色跳線連接螢幕 GND 和 Raspberry Pi 的 GPIO 接頭 6（圖 O 和圖 P ）。

將排線穿過鏡頭支架的凹槽，插到相機上。以 M2 螺絲將相機固定好（圖 Q 和圖 R ），或是用雙面泡綿膠帶固定。把鏡頭線插入 Raspberry Pi（圖 S ）。

透過底部兩個孔，以 M2×6mm 螺絲固定三腳架支架和觸控式螢幕（圖 T ），接著透過頂部兩個洞，以 M2.5×10mm 螺絲固定相機和支架（圖 U ）。

瀏覽器選單會建議你套用預設，但你必須改成 luakit。

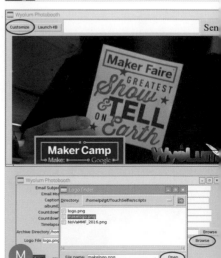

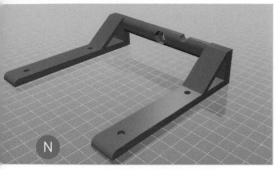

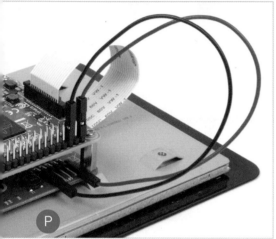

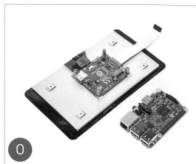

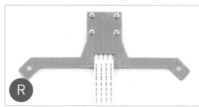

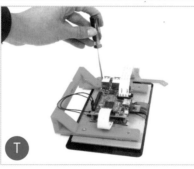

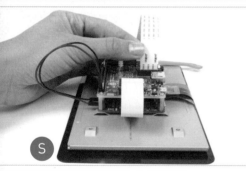

訣竅： 如果你用雙面泡綿膠帶，千萬要記得先連接電線，畢竟膠帶難免會干擾電腦偵測相機。

接下來，將 ¼-20 六角螺帽緊密扣住支架的底座，再安裝到任何標準三腳架上（圖 V ）。

最後，以 Mirco-USB 線連接 Raspberry Pi 和充電器或行動電源，你的大頭貼機就完成了！

注意： 行動電源必須能輸出 2A 和 5V 的電力，以驅動觸控式螢幕和 RASPBERRY PI，電率設定在 10,000MAH，才有辦法撐過徹夜狂歡的派對。

擺個姿勢吧

Raspberry Pi 大頭貼機已經準備好了，大小活動放馬過來吧，以下是使用方式：

開啟

啟動終端機，執行下列指令：

```
cd /home/pi/git/TouchSelfie/scripts python ./photobooth_gui.py
```

大頭貼機啟動之後，就會自動拍張照，上傳至 Google 相簿，你可以確認一切是否順利（如果有問題，你可能要更新憑證，請參考 P.61 的疑難排解）。

拍照並發送照片

點擊觸控式螢幕上任何一點，大頭貼機就會倒數 5 秒拍照（圖 W ），接著自動上傳照片到你 Google 帳號的 Google 相簿中（圖 X ）。

如果你也想以電子郵件發送照片，那就點擊寄信按鍵旁邊的白色信箱，觸控式鍵盤就會跳出來，輸入 email 信箱，點擊「Close KB」關掉觸控式鍵盤，接著點擊「Send Email」，將照片發送至指定信箱（圖 Y ）。

再度觸控螢幕，就可以拍下一張照片了。

派對結束之後，只要登入 Google 帳號，就可以在 Google 相簿看到所有的照片！

客製化訊息

你可以編輯 photobooth_gui.py 腳本，來因應不同派對顯示不同的螢幕訊息，例如更改第 165 行（ 把 # symbol from 到 #can.create_text ）加以編輯，鼓勵派對客人「準備好就按這裡」──這只是舉例，你可以打你喜歡的任何句子！

Jenny Ching

Hep Svadja

自製外殼

3D列印支架很方便，但你可能想做一個有趣的外殼，罩住你的Raspberry Pi大頭貼機！不妨去專題網頁 makezine.com/go/raspberry-pi-3-photo-booth 抓一些比例圖，對你的設計會有所幫助。程珍妮也製作過超大的單眼相機風格外殼，她所採用的合板和圓形禮物盒皆從家居用品店購入。

更好玩的創意

你可能會需要道具和面具，但何不做得更誇張一點？不妨加上打光效果，或者修改程式碼增添連拍功能，甚至是臉部自動偵測功能。我們很期待看到大家的創意改造。 ◗

想看更多照片、快照和圖片，或是分享你的專題，請上 makezine.com/go/ raspberry-pi-3-photo-booth。

Monster Detector

怪物探測器

仿造怪物探測器，嚇走怪物——操作簡單，連孩子也能上手。

文：詹姆斯·佛洛伊德·凱利·克里斯·瓊斯　譯：孟令函

詹姆斯·佛洛伊德·凱利 James Floyd Kelly
是個科技領域的作家，也是個Maker。與老婆、兩個小孩一起住在亞特蘭大，夏天一到，他就會在科技類型的夏令營帶小朋友。

克里斯·瓊斯 Chris Jones
是個舊金山的軟體工程師，喜歡起司、貓咪、程式碼。

時間：
2～4小時

成本：
30～40美元

材料

» **Trinket 微控制板 5V 版本，**可於 adafruit.com 購得 Adafruit Industries #1501
» **NeoPixel Ring 燈光環，**16 顆 LED，Adafruit #1463
» **塑膠專題盒，**大小約 3"W ×6"L × 2"H，也可自行選擇其他容器
» **開關，**瞬時按鈕開關（常開），又大又紅的款式適合孩子的小手。
» **電池盒，**3xAAA Adafruit #727
» **電池，**AAA（3）
» **布線用電線，**或是母跳線（6）加排針公座（11），可於 schmartboard.com
» **購得 Schmartboard #920-0007-01**
» **魔鬼氈或雙面膠**
» **熱縮套管或絕緣膠帶（非必要）**
» **3D 列印的 NeoPixel Ring 燈光環外殼（非必要），**可於 makezine.com/go/monsterdetector 免費下載 STL 檔案列印

工具

» **連接上網路的電腦，**且裝有 Arduino IDE 軟體（可於 arduino.cc/ 免費下載）
» **烙鐵**
» **電線剪／剝線器**
» **電鑽或鑽床**
» **鑽頭：1/4" 和 1/2"**
» **免焊麵包板（非必要）**
» **3D 印表機（非必要）**

MONSTER-B-GONE

Hep Svadja, Brandon Steen

A

B

C

D

E

F

備註： 如果你沒有3D印表機，ponoko. com、i.materialize.com、shapeways. com 這幾個網站都有代客列印的服務，只要付運費即可貨運到府。。

你家的小寶貝總是擔心有怪獸躲在他／她的房間裡嗎？ 總是要打開衣櫃，讓孩子確定裡面沒有長了獠牙的怪物、每天都得趴著跪著檢查床底下有沒有帶著利爪的怪獸，你累了嗎？

如果這是你的生活寫照，「怪物走開」就是你需要的神器，輕鬆就可以讓孩子相信房間裡沒有怪物躲著。更棒的是，這個機器孩子也可輕易上手，不需要大人陪同就可使用。

只須按下按鈕——旋轉的藍燈表示怪物探測進行中，這藍光可是包含了人類聽不到的超音波呢（當然啦，這是對孩子的說詞，事實上並沒有。）這種超音波會干擾怪物的眼睛、耳朵、觸角，所以半徑800公尺內的怪物都會立刻逃跑，躲回牠們自己的窩裡。當燈光轉綠，房間裡就乾乾淨淨，什麼怪物也沒有了。你也可以自己設定偶爾讓怪物探測器探測到怪物，它就會發出紅色警報，不過只要繼續使用探測器進行探測，房間又會恢復平靜安全。呼，小寶貝，你可以乖乖睡了。

打造屬於你的「怪物走開」

這個小儀器只要幾個小時就可以製作完成，花費不會高於40美元。製作過程中需要一些基本的焊接技巧，如果你懂簡單的電路、電子原理最好，不過如果不會也沒關係，只要好好跟著製作步驟操作就沒問題了。另外，有些組裝步驟會需要鑽床或電鑽。

我們在過程中所使用的NeoPixel LED燈光環可以直接安裝到專題盒上，你也可以選擇自己另外3D列印出燈光環的外殼。上面還是得鑽洞，不過有外殼會讓整個成品看起來更完整。

這個專題中的零件幾乎都可以在一般的電子材料行買到，不過其中有幾樣必須透過線上訂購，你也需要有網路才能免費下載「怪物走開」裡面的微控制器（一個Adafruit Trinket的軟體，如果你想貼上貼紙的話，線上也有「怪物走開」的圖樣可以下載。

1.準備電子零件

為了組裝、拆卸方便，我一般會用排針公座與母跳線的組合來接上所有的電子零件。跳線在使用上十分有彈性，可以很輕鬆地連接上公座，要編寫程式或進行測試時也可以直接拔掉。正因如此，我建議大家，第一件要做的事就是把Trinket、NeoPixel燈光環、按鈕都裝上排針公座。

3xAAA電池盒的V+、GND電線也都需要修剪，你可以把這些修整好的電線直接連接到想要的位置，但我比較喜歡把母跳線的尾端加到這些暴露出來的電線上，這樣就可以把它們直接拉起。

Trinket本身就有自己的排針，圖Ⓐ就是在未焊接10針腳排針上的Trinket。為了焊接它們，我用一塊小的麵包板來固定排針們，這樣Trinket就可以直接排在上面了。

接著在NeoPixel燈光環上安裝3個排針（如圖Ⓑ）位置如下所列（背後都有標示）：直流電源5V（Power 5V DC）、電源訊號接地（Power Signal Ground）、資料輸入（Data Input）。將排針焊上按鈕和電池盒不是必要步驟，但是我覺得這樣在連接電線時會比較輕鬆。圖Ⓒ顯示了將2個公排針焊到按鈕的兩個接腳上。圖Ⓓ則是在電池的電線焊上母跳線，我用了一些熱縮套管蓋住焊點，用絕緣膠帶也可以。

最後，在兩個3針腳排針上放一坨焊料來讓它們短路（如圖Ⓔ），用來製造出5V、GND共用的連結，NeoPixel燈光環和Trinket都會用到它們，這樣也可以將按鈕插進整個電路裡。你可以用絕緣膠帶把那一坨焊料包起來，不過記得讓比較長的接腳露出來，才能連接跳線。

2.3D列印NEOPIXEL外殼（非必要）

如果你有管道可以使用3D印表機，就可以自行列印NeoPixel燈光環的外殼。在《MAKE》的專題頁面makezine.com/go/monster-detector可以下載外殼的STL檔案。圖Ⓕ是列印出來的紫色外殼。

3.準備專題盒

首先你得在專題盒上鑽幾個洞，將NeoPixel燈光環（安裝有排針）小心地放在專題盒的蓋子上，然後在排針碰到蓋子的地方做3個小記號。每個記號的地方鑽一個¼"的小洞，接著試著擺放看看你的

Anthony Lam

Make: 65

NeoPixel 燈光環（如果你有做外殼，一起試放看看），記得確認鑽出來的洞大小是否符合排針（如圖 G、H）。

確認後，如果可以直接從蓋子下面摸到排針，就能夠準備把外殼黏上專題盒的盒蓋了，NeoPixel 燈光環先放一邊，等最後組裝時再使用（如果你從蓋子下碰不到排針，可能要把洞再鑽大一點試試看）。

接著，決定好你的按鈕要放在哪裡。我在專題盒左側鑽了一個 ½" 的洞（如圖 I），不過你也可以選擇把它直接放在 NeoPixel 燈光環的位置下方，更容易安裝。

4.編寫 Trinket 程式

要編寫你的 Trinket，你得先安裝最新的 Arduino 開發環境（IDE），寫作本文時的最新版本為 1.6.9，記得更新到它可以辨識 Trinket 為止。Adafruit 上有更詳細的教學：learn.adafruit.com/introducing-trinket/introduction。記得根據你的操作系統來選擇參考的教學步驟（Mac 或 Windows），Windows 需要另外下載 Trinket 的驅動程式。

只要 Trinket 的燈開始閃，就使用 Flash 測試程式（Flash test program），這樣就完成大半了。現在，只要把原本的 Flash sketch（程式碼）換成特別製作的「怪物走開 sketch」即可。在這個網頁：makezine.com/go/monster-detector 可以免費下載名為 MonsterBGone.ino 的檔案，在 Arduino IDE 裡打開此檔案，再按下上傳鍵，將其上傳到 Trinket。

5.組裝

把「怪物走開」組裝進專題盒之前，我建議大家先在盒子外面把所有電線都接好、整理好，並且逐一測試過。連接、測試電線時都要格外小心，一個不小心接錯了線，就有可能會損毀 Trinket 或 NeoPixel 燈光環，所以記得要照著接線圖（如圖 J）反覆確定你的電線配置沒有問題。

確定一切就緒後，翻過電池盒並將開關打開（當然了，要先裝入電池），接著長按按鈕（Trinket 啟動需要幾秒鐘的時間）。接著就會看到藍光在環上旋轉閃動，緊接著就是「一切安全」的綠光了。

如果沒看到任何燈光閃動，就快去再確認一次你的電線有沒有接錯吧。如果你確定 Trinket 有通電（通電時會有黃綠色 LED 燈常亮），但 NeoPixel 燈光環的燈光效果沒有出現的話，就可能是在把電線接上 Trinket 時出了差錯。另外也要確認 NeoPixel 燈光環上的 Data Input 排針是否接到 Trinket 的 0 號腳位上。如果還是沒看到任何燈光閃動，確認一下你是不是已經把「怪物走開 sketch」上傳到 Trinket。只要 NeoPixel 燈光環上的燈成功亮起，就可以將所有零組件都組裝起來，放進專題盒裡了（如圖 K）。連接好每個部分，然後用魔鬼氈或雙面膠將電池盒固定在專題盒裡。另外也可以使用一坨熱熔膠（取代膠帶的用途）來將 Trinket 固

定在專題盒的內壁上，最後將專題盒的蓋子用螺絲起子鎖上。

6.最後裝飾

我自行設計了盒子上面和側邊的圖案，並請附近的輸出店幫我印成貼紙。後來《MAKE》的插畫家布蘭登・史汀設計出了內頁上這隻超酷的紫色怪物，大家可以自行從專題頁面上下載這隻怪物的圖片：makezine.com/go/monster-detector。

更進一步

接下來還有哪些地方可以升級呢？加入音效是第一選擇。你可以使用便宜的錄音模組（如 RadioShack #2761323），簡單方便。在專題盒上鑽幾個小洞，用熱熔膠將喇叭黏到適當的位置上，然後將模組開啟鈕的電線直接連接到「怪物走開」的按鈕上，這樣就能同時開啟音效了。我一直都很喜歡電影《魔鬼剋星》裡鬼魂探測器上面的那個擺臂——在專題盒的兩側一邊鑽一個洞，用來安裝擺臂，加上小顆伺服機，就可以做出顯眼的「觸角」，這樣就能夠同時有聲、光、動作的效果了。希望你喜歡「怪物走開」探測器，如果孩子能因為它而睡得更香甜就更好了。想像力是很有力量的，給孩子一些工具（也要讓他們幫你一起製作）來幫他們對抗想像中的怪物，你就會瞬間成為孩子心中的大英雄囉！祝製作愉快！✐

你可在 makezine.com/go/monster-detector 下載專題程式碼、3D 列印檔案、貼紙圖片及分享你的製作成果。

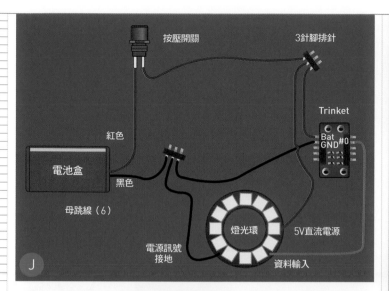

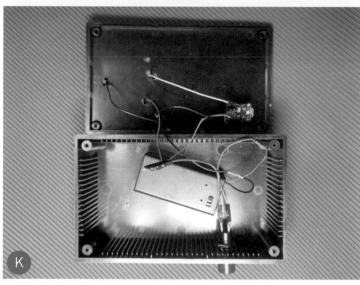

創造個人化的
怪物探測燈光效果！

「怪物走開」的燈光腳本程式碼是修改「狂野眼鏡sketch」（Kaleidoscope Goggles sketch）後的成品，由Adafruit設計。各位可以直接在Arduino IDE上開啟腳本程式碼檔案，自己創造各種燈光顏色、形式、持續時間。要調整LED燈光的表現，只要跟著以下步驟調整數值，找到前面幾行的來源碼，再將修改後的版本上傳到Trinket即可完成。

探測怪物的時間

在預設數值中，探測藍光旋轉的時間約持續5～8秒，接著就會轉為長亮的綠燈。第11、12行的程式碼可以調整藍光旋轉的時間長短，將兩行的數值改為一樣的數字，就可以設定固定的持續時間。

```
11: #define MIN_SEARCH  5  // min possible search
animation (secs)
12: #define MAX_SEARCH  8  // max possible search
animation (secs)
```

找到怪物！

第13行的程式碼則是設定「找到怪物」的機率，找到怪物就會亮起紅燈，而不是「一切安全」的綠燈。為了不要嚇到孩子，我們預設的數值是0；將數值改為50，則會有一半的機率「找到怪物」。

```
13: #define MONSTER_PCT  0     // chance of
finding monsters (percent [0-100])
```

客製化顏色

15～17行則是可以決定每一種探測狀態的燈光顏色，使用的色碼是RGB hex色碼，跟網頁顏色（HTML/web colors）十分相似。不過要注意，這裡的順序是GRB（綠-紅-藍），所以**0xff0000**所代表的是綠色而不是紅色。網路上可以找到網頁顏色對照表，你可以自行操作，實驗看看客製化的顏色選擇。

```
15: #define COLOR_SEARCH 0x0000ff   //
color of search spinner (GGRRBB hex)
16: #define COLOR_OKAY   0xff0000   //
color indicating NO MONSTERS (GGRRBB hex)
17: #define COLOR_NOTOK  0x00ff00   //
color indicating MONSTER FOUND (GGRRBB hex)
```

燈光旋轉效果

第19～21行可以調整旋轉光環的各種數值，例如旋轉的速度。注意：這裡的速度數值是以毫秒計算，所以1000代表的是1秒，多試試看各種數值搭配，創造屬於你自己風格的燈光效果吧！定的持續時間。

```
19: #define SPIN_SPEED   128   // search
animation speed (ms)
20: #define SPIN_DELAY   20    // timing
delay (ms)
21: #define TAIL_LENGTH  33    // length of
tail of total ring (percent [0-100])
```

—Chris Jones

黃渝婷
因曾任《MAKE》國際中文版編輯而踏入 Maker 領域，希望能開發更多有趣的專題並寫出來讓大家知道。

王品驊 Miss Maker
是一個忙於工作，遺忘曾經熱愛創作的旅英設計師。由英國回來之後，意外投入 Maker 運動。擅長多媒材創作，其作品多融入女性思維及設計背景，在男性為主的 Maker 界中獨樹一格。

Lighted Wine Bottle

野餐酒瓶氣氛燈 用自己喜歡的玻璃瓶打造一個亮麗的燈飾吧！

文：黃渝婷、王品驊
攝影：黃渝婷
協助取材：慢慢生‧活美術工作坊

最近野餐風潮愈來愈盛行，天氣晴朗時跟三五好友在戶外野餐、聊天是非常愜意的事，但是出門一趟要準備好多東西，萬一又碰到下雨、天氣冷，難道只能臨時取消嗎？這時候，野餐酒瓶燈非常適合你。不用花太多時間製作、材料容易取得，成品也很漂亮又有質感，讓你充分享受在家野餐的氣氛。

氣氛燈還可以用來點綴燭光晚餐，或是做為小夜燈使用，甚至放在桌上單純當個裝飾品都非常適合。拿出平常蒐集的玻璃瓶，做一個不輸給家居店的燈飾吧！

1. 設計瓶蓋

為了節省一點等待的時間，我們先來設計瓶蓋。將原本的塑膠電池盒換掉，將電池藏在原木瓶蓋的中間，這個瓶蓋的構造有三層：把電池和開關夾在上下兩層之間。你可以用雷射切割機、3D 印表機等輸出你的設計圖檔。本文中是使用雷射切割機來切割表面有木紋的樺木夾板。

先依照自己的喜好做出兩個大圓（零件

黃渝婷

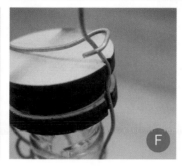
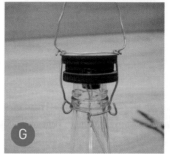

a、零件 b）；做出中間可以放入電池的圓弧形，最上面要留下放開關的位置（零件 c）；為了要讓開關的正負極銅箔可以確實與電池接觸，我們再根據電池孔的大小做一個墊片，這裡是使用 3mm 的密集板製作（零件 d）；最後依據你的瓶口大小先做出一個小圓當做瓶塞，這個小圓的直徑要小於瓶口，電線才可以通過（零件 e）（圖 A）。

注意： 所選擇的墊片材料厚度要記得扣除電池的厚度。

2. 製作銅線 LED 燈串

在等待瓶蓋零件的時候，我們來進行銅線 LED 燈串的加工。用小螺絲起子將銅線 LED 燈串用來放電池和開關的白色外殼拆開，小心地拿出電池和開關。然後，用剪刀將開關負極（長的那一條）的 L 型銅箔短邊剪掉（圖 B）。

3. 組裝瓶蓋零件

瓶蓋零件完成後，就可以將它們組裝在一起了。首先先將零件 d 放到零件 a 的圓圈上並黏起來；再將零件 c 放到零件 b 上，將左上角兩個洞對齊之後黏起來；最後將零件 b 翻到背面，把零件 e 黏在約中心的位置。這樣就完成了瓶蓋組件（上蓋：零件 a，下蓋：零件 b）。

4. 點亮 LED 燈串

將連接開關的電線從中間剪斷，然後將其中正極的那一邊穿過方才零件 b 正極記號上面的孔，讓開關可以剛好安裝在預先留好的位置中。然後將剛剛剪斷的電線焊接起來（圖 C）。

將電池正極朝下放入下蓋中，負極的銅箔穿過左上方的洞並向下壓至碰到電池。最後，將上蓋蓋上、打開開關，如果燈串順利點亮就代表形成正確迴路（圖 D）。

如果你想要讓蓋子更緊一點，可以在整個蓋子上穿兩個孔，大小足以穿過鐵絲就好。剪一段鐵絲，依照上蓋上兩個孔的寬度折成ㄇ字型，穿過整個瓶蓋，在下方彎折固定即可（圖 E）。

5. 完成外觀

根據你想要的提把大小剪取一段鐵絲，在頭尾兩端各凹成 U 字型。再剪一段鐵絲，鬆鬆地繞在瓶口處，然後將提把兩端的 U 字型地方勾在瓶口的鐵絲上。接著，將剛剛完成的銅線 LED 燈串與瓶蓋放入瓶子中。

拿一段比瓶蓋直徑多出約 10 公分的鐵絲，將兩端凹成 U 字型，並勾住提把鐵絲的兩端，然後鎖緊。記得提把鐵絲兩側要放進瓶蓋邊邊的凹槽（圖 F），提把才不會一直在瓶蓋邊緣滑動。

最後調整一下鐵絲的位置，提把由上拉緊後，就可以將瓶口的鐵絲鎖緊並剪去多餘的部分。為了防止瓶蓋上下移動，鎖緊後可將瓶蓋上方的提把鐵絲稍微往左右兩邊下壓一點，就可以完全固定住瓶蓋了（圖 G）。

6. 點燈

布置一下你的餐桌，放上氣氛燈、打開開關，開始享受你跟朋友或家人的浪漫時光吧（圖 H）！

時間：
30分鐘~1小時
成本：
約200新臺幣（不含瓶子）

材料

» **可透光玻璃瓶：** 依據自己的喜好挑選即可，大小、顏色均不拘。
» **銅線 LED 燈串（含開關及電池）：** 可在節慶飾品店等店面或是在網路上購買。
» **鐵絲：** 用來做燈的提把。
» **6mm 樺木夾板：** 用來製作瓶蓋，你也可以使用密集板或其他可雷射切割的材料。
» **3mm 密集板：** 用來製作瓶蓋間的墊片。

工具

» 剪刀
» 小螺絲起子
» 尖嘴鉗
» 烙鐵與焊錫
» 焊接輔助支架：又稱小幫手或第三隻手。
» 白膠
» 雷射切割機

更多資訊請見慢慢生・活美術工作坊 MMS Workshop
https://www.facebook.com/mmsworkshop/?fref=ts
Miss Maker 王品驊 https://www.facebook.com/makereveryday/?fref=ts

黃涓婷

雪人的季節
用黏土打造一個可愛的雪人吧！

文、攝影：李亦飛

Snowman Season

A　B　C

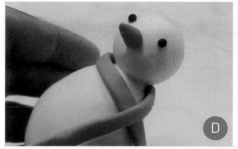
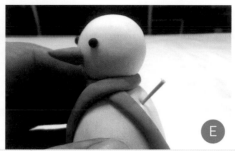

D　E　F

如果能夠體驗下雪、打雪仗、堆雪人的感覺該多好？下雪、打雪仗這樣的事情我們很難實現，不過堆雪人卻是有這個可能。我想趁著這個季節讓大家捏個雪人，過過癮！

黏土（Clay）是一種最近在各大百貨公司兒童館或才藝班常出現的手作教學媒材之一。這種材質於三十多年前從日本引進臺灣做為手工創作的材料之一。過去的紙黏土大多是以紙漿及少數樹脂混合而成，過了數十年後作品容易因氧化而裂開，不易保存，且作品偏重。

現在的黏土還是以紙漿為主，並加入發泡粉、色劑以及較多的樹脂，主要分為樹脂土及輕土兩種，比過去的紙黏土輕了許多，而且不用經過烘烤，只要在常溫、通風處便可以硬化，更可保存數十年而不易破裂毀壞。

1. 捏塑身體並組裝頭部

先捏一塊白色黏土，確定比保麗龍球稍微大一點（圖A），將黏土重新攪拌過，讓黏土的表面不至於太乾而不好操作，然後將黏土搓成圓形，壓扁後將保麗龍球包覆起來，千萬不能露出保麗龍球體，接著再將球體搓成水滴形狀。

請再捏一塊白色黏土，將黏土重新攪拌過後搓圓。接著，將牙籤對折後插入身體（圖B），用膠水在牙籤尾部沾上白膠，再將頭中心對準插入牙籤中（圖C）。

訣竅： 將黏土搓圓時壓緊一些，可避免產生細紋。

2. 加上眼睛與鼻子

將少許黑色黏土一分為二，分別搓圓。在頭部欲放置的位置沾上白膠，黏上兩塊黑色黏土做為眼睛。接著，將橘色黏土搓成水滴狀，用白膠在欲放置的位置沾膠後，將鼻子黏上去。

訣竅： 白膠直接點在要黏貼位置，方便黏貼。

3. 製作圍巾與手部

先將藍色黏土搓圓，在圓型正上方輕壓滾動做成約14～15公分的長條狀，接著輕壓成約0.2公分厚度的扁條狀，並在兩端用牙籤畫出毛線。用白膠在雪人脖子上點上一圈的白膠後，將圍巾在脖子上繞一圈（圖D）。

手部則先將棕色黏土一分為二，分別搓圓再輕壓滾動成約2公分的長條狀，用牙籤在其中一端畫出大約0.5公分長的開口做為分岔處。接著，將牙籤折成兩半，在雪人身體兩側以45度角插入（圖E），將牙籤沾上白膠後插入手部，另一邊也是同樣做法。

雪人完成囉！

黏土作品完成後，只需要靜置於常溫通風處即可，經過3～7天便會完全乾固（圖F）。

李亦飛
Reverse 樂活工作坊主辦人、視覺平面講師、藝術黏土設計師；認為唯有一顆赤子之情以及熱誠的心便可以做出不同凡響的創作。經營網站 https://www.facebook.com/handpaint13

時間：
30分鐘～1小時
成本：
約80新臺幣

材料

» 白色黏土 20g
» 青色黏土 3g
» 棕色黏土 1g
» 橘色黏土 0.5g
» 黑色黏土少許
» 白膠少許
» 4cm 保麗龍球 1顆
» 牙籤 2 支

工具

» 牙籤

諾亞・費漢
Noah Feehan
暱稱 AKA，利用軟硬體和空間製作東西。他在紐約布魯克林居住和工作，身旁有美麗的妻子和寵物狗。

CNC an Inductive

文：諾亞・費漢　譯：謝明珊

Phone Charger

CNC 製磁感應手機充電器
設計並銑出高雅的 Qi 無限充電裝置

時間：4～6小時
成本：25～45美元

材料
» **硬木材，大約 7"x4"x1"** 例如胡桃木或桃花心木
» **Qi 認證無線充電發射線圈，PCBA** 例如 Adafruit #2162 或 Deal Extreme #298892 PCBA 意指可供專題立即使用的電路板
» **木蠟油**，我偏好礦物油，一來不會導電，二來容易換新

工具
» **直尺**
» **游標卡尺**，含深度測量
» **CNC 銑床**，附固定螺栓或夾具
» **若是使用螺栓**，你還會需要用到打孔鑽來在你的工件上鑽出螺栓孔
» **端銑刀，1/8"，平面**我採用 4 刃端銑刀，成品效果更佳
» **手鋸**
» **烙鐵**
» **細砂紙**，我採用 # 320
» **熱熔槍**
» **電腦，安裝好 CAM 和 G-code 軟體**這個專題很簡單，大多數 CAM 軟體都適用，我偏好 CamBam，兼顧方便性和控制深度，至於 G-code 軟體，我採用很棒的 Universal G-code Sender，不僅是開源軟體而且免費。)

Hep Svadja

我為自己的Qi無線充電手機製作了小型磁感應充電器，只花了幾個小時，使用的是基本工具和CNC銑床。以後我去工作或睡覺時再也不用把手機拔來拔去，這真是方便又令人身心愉快！

如果你剛開始接觸CNC銑床，這個專題很適合磨練技巧；如果你已經試過兩三次，這個專題對你來說會更加容易上手。無線充電器是很棒的禮物——大方、特別又實用，下面我會簡述做法，完整的步驟請上makezine.com/ go/cnc-qi-phone-charger參考。

1. 設計你的充電器

小心測量木材（尤其是最厚的地方）、手機、Qi線圈和電路板，確保尺寸沒有問題，把長寬高輸入CAM程式。

2. 修整木材

首先是修整木材：頂部和底部都削除0.25mm，如有必要可以削多一些。

3. 切割內側凹槽

接下來是切割內側空間——切除不要的部分（圖 A ）。至於放置線圈的凹槽，記得在CAM程式中計算出中心點，裁出來的圓圈必須大於線圈，上方還有2個小圓圈疊在上面，以便收納電線。

至於放置電路板的凹槽，這會跟線圈的凹槽重疊，但我不想浪費時間，於是採用交界面分割法，以聚合線（ polyline ）繪出線圈凹槽兩側所要移除的部分（圖 B ）。

最後，我們要切割USB接口的凹槽。

4. 大致的輪廓

試著擺放零件，如果覺得太緊，那就加大每個凹槽的口徑來重新建立輪廓。接著進行切割輪廓（ profile ）的操作——設定為「粗加工」（ roughing clearance ）或「 偏位 」（ offset ）（ 我是設定-0.1mm ），大致打磨凹槽的內側，把邊緣磨得圓滑一些（圖 C ）。

A

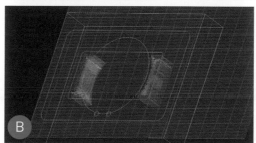

B

C

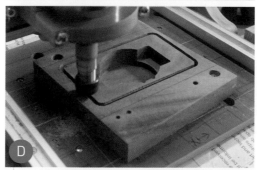

D

E

F

5. 分離並取出

最後點選整個充電器的聚合線，點選「分離」（ part off ）整個物件（圖 D ）。我會以標籤來固定位置，之後再手工切除標籤。

6. 打磨和上油

打磨邊緣、擦拭乾淨，接著把碎布泡在礦物油裡，輕輕擦拭每一吋表面，靜置一段時間讓木頭吸收。礦物油不會導電，所以也可以塗在電路板那一側。

7. 安裝線圈和電路板

將線圈放入凹槽，灰色鐵磁那一側面向自己，電線往上穿過你切割的溝槽。輕輕將線圈壓平，在邊緣上一些熱熔膠（圖 E ）。

接下來，將線圈重新焊接至充電板，然後將充電板黏好。

最後，把電線插入USB接口（熱熔膠朝外），固定好接口。電線壓平在溝槽內（圖 F ），並重新將電線焊接上電路板。

8. 開始充電

將USB線接上電源，然後放上你的手機。當手機出現充電提示，恭喜你，你成功了！

更進一步

一旦你用CAM軟體完成這項專題，你要嘗試其他木頭或形狀就更容易了，甚至可以加上LED指示燈。

如果你做出很酷的充電器，我會很想看看照片——歡迎在專題網頁留言給我！ ◐

想知道完整的步驟以及CAM軟體操作祕訣，或是分享你的作品，請上Get the makezine.com/go/ cnc-qi-phone-charger。

Noah Feehan

傑森・亞諾
Jason Arnold

和妻子及四名女兒居住在美國加州，預計今年會從護校畢業。讀書之餘，他喜歡對電玩遊戲機或家庭劇院進行改造和升級。

光輝泥球
一起來做讓日本學生對泥巴著迷的「光輝泥球」

Shiny Globes of **Mud**

文：傑森・亞諾　譯：屠健明

本圖的泥球由藝術家布魯斯・加德那（Bruce Gardner）創作。本專題乃根據加德那開發、記錄並發表於他的網站 dorodango.com 的製作過程撰寫。

大家小時候應該都有玩泥巴的經驗，而我們現在要做的「光輝泥球」（光る泥だんご）正好能重溫這個樂趣。不同的地方是，我們不會把泥巴沖掉，而是將它做成可以打磨到閃閃發亮的美麗泥球。雖然出身平凡，泥球作品可會讓你愛不釋手。

京都教育大學的加用文男教授發表了大家都學得會的一套製作方法。

他用這種泥球來研究兒童的發展心理學，並發現兒童會對他們的泥巴產生依附，並花很大的心力對他們的泥球進行塑形與打磨。

1. 準備泥巴

選擇沒有碎石和樹枝的泥土。不同的泥土質地和顏色可以讓最後的成品截然不同。在乾淨的桶子裡放進泥土和些許水進行混合，直到變成稠度接近麵糰的泥巴。

2. 製作核心

抓一把泥巴並擠壓、滾動及輕輕搖晃它

Amelia Milazzo

以將水分帶到表面，同時把它塑形成平滑的球形核心，直徑約 4"（圖 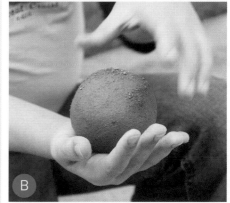A）。抹平任何凸起和凹陷，否則會影響最後的形狀。需要時添加泥土來幫助水分吸收。這時泥球摸起來應該要有類似漿糊的黏度。

3. 加一層

抓一把細土灑在泥球的表面，接著邊塑形邊把土抹進去，幫助吸出球內的水分。將泥土抹進去的時候，我用拇指底部的曲線把多餘的土撥掉，用左手滾動泥球，並用右手來塑形（圖 B）。不要抹太用力，不然會把灑上去的土甚至是泥球原有的表層抹掉。持續進行這個步驟來乾燥泥球表面。

這時候凸起和凹陷會比較難修整，所以小心不要摔到或是拍打到泥球。如果表面有裂痕，就加一點水來抹平。等它夠乾燥也夠堅固，可以維持自己的形狀時，就能把它送進三溫暖了。

4. 泥球三溫暖

將泥球放進塑膠袋（圖 C），並把它放在柔軟的表面上，例如折疊的毛巾。讓它在袋中靜置半小時，讓水分凝結在泥球和袋子的表面。

將泥球從袋中取出，並重複第 3 步驟，再次乾燥表面。接著放進袋中再次進行「出汗」。

這個過程要重複約 10 個循環，直到感覺對了。每次進行第 3、4 步驟的循環時都需要花費比前一次更長的時間來讓水分凝結在泥球上。

5. 泥球上灑粉

現在我們需要顆粒更細的土，可以用手輕拍測試夠不夠細：如果手會沾上一層細粉，就可以進行下一步；如果沒有，就繼續過篩。將沾在手上的細土塗到泥球的整個表面，並用第 3 步驟裡拇指加食指的技巧來抹掉多餘的土。輕輕把細土抹進泥球的表面，直到它乾燥。

這時泥球摸起來應該又乾又多粉。接著把泥球放進乾燥的新塑膠袋，讓它進行更長時間的出汗；你可以將它冷藏進冰箱放隔夜。

之後繼續灑土，直到將水分從泥球表面完全去除，等細土不再黏附在泥球上時，就代表成功了。再來將泥球放進新的袋子，進行最後一次出汗。

6. 磨到發亮

將泥球取出，再加一層土，輕輕抹進泥球裡。接著拿一塊軟布，開始非常溫柔地打磨。如果這時候產生刮痕，代表球還太濕，需要重複第 5 步驟。如果打磨 10 到 20 分鐘後都沒事，就可以多施點力。

我的泥球在打磨超過一小時才開始發亮。到了隔天，亮度就降低了，因為還是有些水分浮出。我持續重複這個步驟，直到獲得美麗的光輝泥球（圖 D），而且還能維持它的光亮為止。現在我已經做泥球做上癮了。只要逮到機會，我都主動教親朋好友做泥球。●

訣竅：

在冰箱冷藏可以加速「出汗」的過程，但需注意不能過度冷卻，否則可能會把泥球的底部變回泥巴的狀態。對最初的幾次出汗過程，20 到 30 分鐘就足夠了。在第三或第四次之後，可以把時間延長為 1 到 2 小時。如果中間需要暫停較長時間，可以把泥球包起來，存放在涼爽、乾燥環境的柔軟表面上。

時間：
一個周末
成本：
0 美元

材料
» 泥土
» 水
» 展示架（非必要）

工具
» 水桶或其他容器，用於盛裝泥土及泥巴
» 濾網或篩網，泥土顆粒不夠細時使用
» 塑膠袋
» 軟布

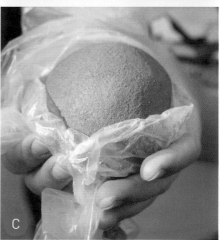

想看更多製作過程照片，或分享你的光輝泥球作品，歡迎到專題頁面 makezine.com/go/hikaru-dorodango。

Sam Murphy

Kid-Sized Kayak

兒童獨木舟 用單塊合板打造出堅固且輕巧的獨木舟
文、攝影：尼克‧薛德　譯：屠建明

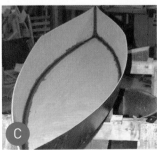

訣竅：
趁填料還潮濕的時候貼上玻璃纖維，這樣填角固化之後就不用再打磨。

我是造船師。在我最大的姪子5歲的時候，我就想到該幫他打造一艘兒童尺寸的**獨木舟**。我想讓這艘獨木舟好划、容易掌握、輕量、平價，而且製作方法單純，採用真正的造船技巧並只使用單塊船用合板。

我用的是「縫合上膠」的製作方法，先將合板用銅線綁在一起，接著用環氧樹脂黏合，再以玻璃纖維強化。製作完成的獨木舟輕巧、堅固、耐用，而且展現了木材質地的美感。

這麼小的孩子進行水上活動當然不能沒有大人密切監督，所以請把這個專題視為游泳池玩具，而非交通工具。

設計

我用 Maxsurf 海軍艦艇設計軟體進行設計，它可以把3D表面「攤平」成2D的板面。我將這些板面傳送到CAD軟體，排在單一塊4'×8'的合板上，並設定穿線縫合要用的鑽孔位置。再將這個步驟完成的DXF檔案送到CNC工作室，從合板切割

出來。

這艘獨木舟有相對大的駕駛座，所以孩童沒有被卡住的風險。我將前甲板挑高以增加伸腿空間，並且設計一個V字形來排水。後甲板的設計簡單平坦，沿伸到駕駛座前稍微拉高，如此可以更容易安裝艙緣，除具有強化功能外，也讓獨木舟有更完整的造型。最後在首尾舷弧上挑來切過波浪，就完成一艘可愛、優雅的小獨木舟，總共只用了6塊木板（船底、相同的2塊側面、相同的2塊前甲板、後甲板）。

製作

詳細説明和設計圖的PDF檔案位於專題頁面makezine.com/go/kid-sized-kayak。以下是其中重要步驟的概述。

縫合

這艘獨木舟的組裝是以銅線做為臨時固定夾。將銅線穿過預先鑽出的縫合孔，接著扭絞銅線來固定木板（圖Ⓐ）。在進行縫合前，我先為獨木舟上色，並塗上一層保護用的環氧樹脂，但這不是必要的程序。

黏合

將木板相互黏合的時候我採用模仿「點焊」的方式，在銅線縫合處塗上好幾點瞬間膠（圖Ⓑ），再輕輕噴上黏膠加速劑。

接著用剪線器將銅線從內側剪斷，然後從外側拉出。這樣獨木舟的兩個基本組件船體和甲板就完成了。

接合填角

為了強化船體角度較尖的接合處，我們需要進行液態的細木工來產生結構填角，藉此順利在木板之間傳遞壓力。填角的做法是將環氧樹脂與木粉調和成填料。擠出1/4"的一滴填料（我用夾鏈袋剪去一角來擠）進入每個夾縫，然後用塑膠湯匙的背面來塑形（圖Ⓒ）。

玻璃纖維

從船體內側和甲板開始分段貼上玻璃纖維布並塗上環氧樹脂，然後放置隔夜讓它固化。

玻璃纖維布要愈平坦愈好。在塗上樹脂前，我先用乾油漆刷把皺褶抹平。樹脂在混合後就會開始硬化，所以最好的做法是一次混合一小份，然後快速用完。

用塑膠刮刀把樹脂塗抹平均（圖Ⓓ），並把多餘的樹脂刮進免洗杯。玻璃纖維布上有出現突起就用油漆刷抹平。

樹脂飽和度適當的玻璃纖維會有明顯的編織質地，同時樹脂要足以完全浸濕玻璃纖維布，但不能多到讓它發亮。樹脂太少會讓它的層疊失去強度，太多的話則會增加重量。

接下來用封箱膠帶將甲板固定在船體上（圖Ⓔ），然後在內側接縫貼上玻璃纖維膠帶，再塗上環氧樹脂。最後，用木刨刀修整外部尖鋭的稜角，接著貼上外部的玻璃纖維（從船體開始，再貼甲板），並放置陰乾（圖Ⓕ）。

填料塗層

安裝架高駕駛座艙緣（我在線上的專題頁面有説明兩種做法）之後，我使用環氧樹脂的「填料塗層」來包覆獨木舟的船體用。要有平滑的表面質感，關鍵就在於打磨。一開始用較粗的60號砂紙快速地將樹脂磨平，但不要磨到玻璃纖維本身；接著依序用120號和220號砂紙打磨。我還用隨機軌道砂輪機來打磨填料塗層，很快就獲得了平滑的表面。

油漆或亮光漆

長時間下來，紫外線會分解環氧樹脂，讓玻璃纖維暴露，最後從木板剝離。

用油漆或亮光漆則可以避免這個情形。我上了三層亮光漆，每次上漆之間有稍微打磨。

最後修飾

用強力膠來黏合泡綿塊做成座椅，再往兩端塞入更多泡綿增加浮力。我還用2×3的木板做成簡易的格陵蘭因紐特人風格獨木舟槳。

升級

我發現小孩子划獨木舟的時候會左右滑動，讓他們失去平衡，所以我做了一個馬蹄形的椅背來將他們固定在中央。我也更新了艙緣的設計，讓獨木舟的製作過程更簡單。和我分享你的製作過程吧！●

尼克・薛德
Nick Schade

喜歡在汪洋中划小船，所以他創立了Guillemot Kayaks公司，為DIY造船玩家設計可置於車頂的小型木船，也為不想動手的客戶量身造船。

時間：
2周（的晚上）
成本：
150～300美元

材料

» 奧古曼木船用合板，厚4mm，4'×8'
這是標準厚度，但3mm厚度會更輕，且應足以用於供兒童乘坐的船。
» 木板，2"×3"×60"，用來製作船槳
» 環氧樹脂
» 銅線
» 零星木塊
» 瞬間膠（氰基丙烯酸酯黏合劑，又稱CA膠）與加速劑
» 木粉，用於調製填料
» 玻璃纖維布，4oz，寬50"、長約6碼
» 玻璃纖維布膠帶，寬3"
» 亮光漆或油漆
» 填充泡綿
» 酒精性色料（非必要）

工具

» 電鋸或CNC切割機（非必要），或將設計圖送至CNC工作室代為切割
» 鉗子
» 剪線器
» 夾鏈袋，1加侖裝
» 塑膠湯匙
» 塑膠刮刀
» 油漆刷
» 美工刀或剪刀
» 免洗杯
» 攪拌棒
» 纖維型封箱膠帶
» 紙膠帶
» 麥克筆
» 蠟紙
» 木刨刀
» 砂紙：60、120及220號
» 隨機軌道砂輪機
» 防塵口罩或防毒面具
» 拋棄式手套
» 電鑽（非必要）
» 棉球（非必要），修飾色料用

歡迎到makezine.com/go/kid-sized-kayak下載PDF設計圖、步驟說明，以及分享你的作品。

Flippin' Sweet

文：德克・史瓦特、韋爾・潘德爾 譯：潘榮美

彈指神通
免動手、免插電——有了Wi-Fi「Turner Onner」，
用伺服機就可以自動開關電燈！

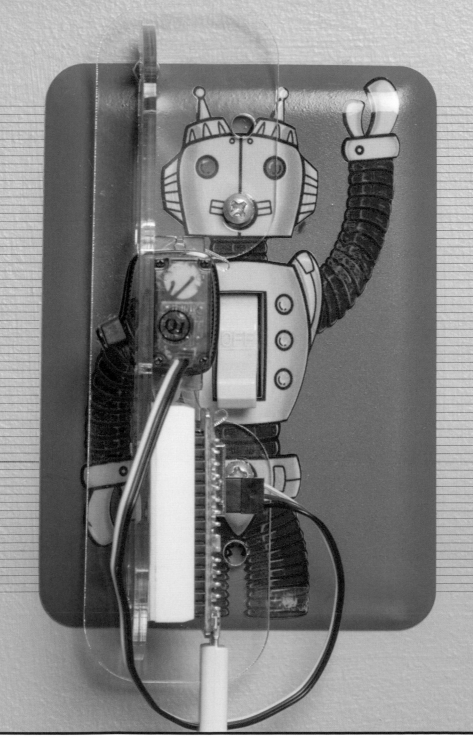

這裡有些問題：你家牆上一定有電燈開關，現在你想要用網路遙控它。但是你才不想研究家裡的電線線路勒——那太嚇人了！還可能會把開關弄壞！那該怎麼辦呢？

解答在這：當然是用機械式的馬達「手指」替你按開關囉！因為是外接式的，你仍然可以像平常一樣手動開關；不想使用的時候，例如說要出租房子的時候，也可以輕鬆移除。其實很多工程問題都是兩害相權取其輕：你想要一個外接「網路」開關，又不想動到線路，或是將開關面板打開蓋住裝置，那只好照我說的做囉。只要你一聲令下，就有個小機器人幫你開燈關燈，豈不是很棒嗎？

你可以透過智慧型手機或電腦，用寫好的程式碼操作 Turner Onner。而且它非常獨立自主，不需要基地臺，也不用註冊任何服務（否則還要成天擔心那家公司倒了怎麼辦），可以隨時提供自動開關服務！

Turner Onner 的做法是向你的個人網路連線提供一個網址，只要進到那個網頁，就可以控制開關了。如果要透過別的

網路連線（就是可以從任何地方上網控制），就要在你的路由器上設定通訊埠轉發（port forwarding）。（基於安全考量，我們不推薦這種做法，你可以自行決定。）

現在就來動手吧。

1. 組裝壓克力開關「雪橇」

你可以直接購買我們的套件，或是自己裁切 1/8" 厚的壓克力板。模板可從專題網頁 makezine.com/go/light-switch-turner-onner 下載（圖 **A**）。電燈開關一般分兩種，一種是平開關，一種是撥桿開關，我們都有提供適用這兩種開關的模板，其動作原理相同（圖 **B** 和 **C**）。

請從平開關用的「雪橇」（圖 **D**）或撥桿用的雪橇（圖 **E**）任選一種組裝，使用 M3 螺絲或緊固螺帽來固定。使用撥桿型的讀者，請確認你的開關適用哪一組孔：距離較近的那一組是家用型，較遠的是辦公室型。

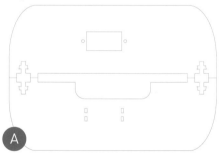

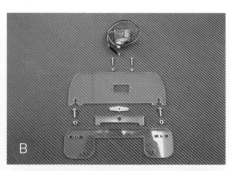

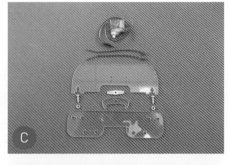

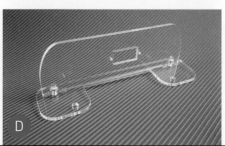

德克·史瓦特
Dirk Swart
Wicked Device LLC 的共同創辦人，喜歡動手打造好玩的電子套件。

韋爾·潘德爾
Vel Pendell
畢業於康乃爾大學物理工程學系，最愛跟電子機械玩具鬼混。

時間：
2~3小時
成本：
25~40美元

材料

» **Turner Onner 套件**，30 美元，可於 wickeddevice.com/turneronner 購買，內含下列所有材料。

—或是—
你也可以輕易分開購買到這些零件：

» **迷你伺服機，Turnigy 9g。**可別買到山寨品——那些不夠力。

» **NodeMCU ESP8266 Wi-Fi 微控制板**

» **迷你麵包板，附背膠**

» **USB 電源供應器，附 Micro-USB 連接線**

» **裁切過的壓克力板，厚度 1/8"（3mm）**，供撥桿型開關或平開關使用。套件內含兩種，亦可自行裁切。我們在專題網頁 makezine.com/go/light-switch-turner-onner 上放了兩種模板檔案。

» **機械螺絲，M3×10mm，附螺帽（2）**，用於組裝壓克力板

» **短的束線帶（2）**或機械螺絲，**M2×10mm 附螺帽（2）**，用於安裝伺服機；套件內含兩種

» **開關面板安裝螺絲（2）**，需比原本開關的螺絲稍長

工具

» **十字螺絲起子，小的**
» **強力膠（CA glue）**
» **可連上網路的電腦，並安裝下列免費軟體：**

  · 從 versionfromarduino.cc/downloads 下載最新版 Arduino IDE。
  · 從 github.com/esp8266/Arduino 下載 Arduino IDE 專用的 ESP8266 支援檔案。
  · 從 github.com/WickedDevice/TurnerOnnerFirmware 下載 Turner Onner 專題程式碼。

Hep Svadja, Anthony Lam

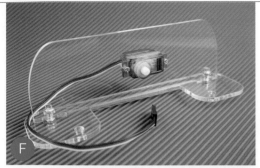

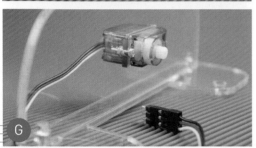

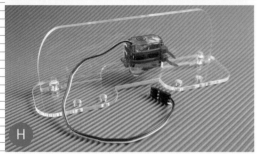

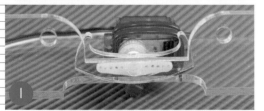

2. 安裝伺服機與「手指」

選用平開關的話，伺服機也會平躺，與牆壁平行；請用兩個M2螺絲安裝在雪橇上（圖 F 和 G ）。選用撥桿開關的話，請用兩段電線讓伺服機垂直安裝（圖 H ）。所以平開關看起來會比撥桿開關順眼一點，不過電燈開關類型通常也不是你能決定的就是。

接著，將壓克力的伺服機手指用強力膠黏到伺服機的角上（圖 I 和 J ）。手指也分成兩種，視開關種類而定。

3. 插入微控制器

你可以透過代理伺服器（ proxy ）連線至網路，但是為何不在你的個人連線用超簡單的伺服器就好呢？因此我們選用ESP8266 NodeMCU微控制器——只要4美元，還內建Wi-Fi。將它插上迷你麵包板，然後撕開背膠，將麵包板放在伺服機旁邊，固定到雪橇上。

唯一需要接線的是伺服機。可以先將伺服機電線的尾端剪掉，把裡面的鐵絲拆開，直接插進麵包板。你也可以在接頭上裝上3針腳的排針公座（圖 G 和 K ）。我們很幸運，剛好3個針腳都在隔壁，所以接線圖超簡單：

MCU	SERVO
Ground	Ground
3v3	Power
D4	Signal

4. 將ESP8266支援檔案加入Arduino IDE

在測試之前，還有臨門一腳，就是在程式碼中驗證你的個人網路，並上傳至NodeMCU。我們需要Arduino開發者環境（請更新至最新版本）及ESP8266電路板套件。要從github.com/esp8266/Arduino安裝 Arduino ESP8266支援檔案，請開啟Arduino IDE軟體，到檔案（ File ）→ 偏好設定（ Preferences ），找到額外的開發板管理員網址（ Additional Boards Manager URLs ）。輸入http://arduino.esp8266.com/stable/package_esp8266com_index.json（圖 L ），然後按確認。

現在到「工具」→「開發板」→「開發板管理員」。拉動列表捲軸，找到ESP8266，在區塊裡任一處按一下，再按「安裝」（圖 M ）。安裝需要數分鐘的時間，安裝完成後，請按「關閉」，並重新開啟Arduino IDE，讓設定更新。

5. 編寫微控制器程式

請至github.com/WickedDevice/TurnerOnnerFirmware 下載Turner Onner專題程式碼。這個程式碼是根據非常簡單的ESP8266網路伺服器所編寫。現在我們來稍微修改程式碼，加入你的網路連線。以Arduino IDE開啟這份程式碼，找到以下兩行：

```
const char *ssid = "";
const char *password = "";
```

接著在引號中央輸入你的連線帳號（ SSID ）和密碼。照著「工具」（ Tools ）→「開發板」（ Board ）→Node MCU 1.0（ ESP 12E Module ） 的步驟，將電路板類型改為NodeMCU 1.0。點選「驗證」（ Verify ）後，一切應該會如常進行。不過要小心，這麼做會清除NodeMCU，如果你想要用 Lua 來編寫電路板程式，就得刷新電路板。現在電路板已經被 Arduino佔領了！姆哈哈哈（惡魔式大笑）！

最後，用 Micro-USB接頭將開發板連上電腦。如果你的電腦是 Mac或Windows 10系統，幾秒鐘內就會自動註冊（ Windows 7可能要花幾分鐘。） 從「工具」→「序列埠」查看可用的序列埠，然後選擇。

點選「上傳」，等它顯示為上傳完成就行了。

6. 連接網路

現在萬事俱備，只欠東風。剩下一個問題，就是要找到路由器給迷你新伺服器的IP位址。開啟Arduino IDE右上角的序列埠監控視窗，確定速度為 115200，不然整個專題都會變成渣。連接序列埠之後，NodeMCU也會同步更新。

需要的東西，包括IP位址（圖 N ），就是長得像192.168.1.3的那一串（最後兩碼通常不會重複），都會自動print到序列埠。

複製這串IP位址，就像平常把網址複製貼上一樣，輸入到你的瀏覽器網址列。芝麻開門！看哪，是 Turner Onner網頁

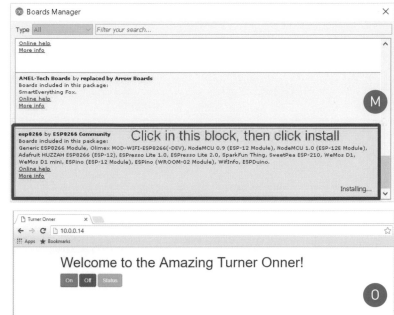

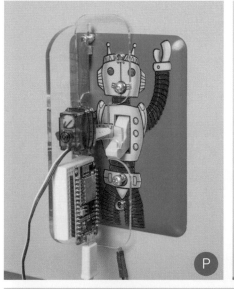

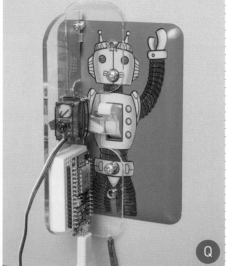

（圖**O**）！這樣就大功告成了，趕快試試看你的新電燈開關吧！

7. 輸入電源，開開關關

其實我們還得找個電源輸入才行。因為我們不想用110V的電源輸入，所以有兩個選擇：電池，或是交流電變壓器。後者不甚美觀，但是永遠管用。將它插上NodeMCU（圖**P**和**Q**），呼！可以衝一發了！

兒童也適用

Turner Onner只需從 USB 汲取少許電力，所以在兒童房裡也一樣安全。你可以任意將機器手指裝飾成龍爪、超級英雄系列，或是其他你愛的角色，讓它們跟著Turner Onner一起動作。或是就弄個有趣的機器人開關面板。圖中這個是我們在Maker Faire Bay Area發現的，由娜塔莉・麥肯金（Natalie McKean）製作（ etsy.com/shop/natalierobots ）。

有什麼問題就問吧，我們在support@wicked-device.com等你！祝你和你的Turner Onner玩得愉快。⊘

更多居家自動化小把戲

OPENHAB 居家自動化系統
使用Raspberry Pi觸控螢幕做為控制中心，操控你的智慧居家裝置和 Wi-Fi 專題（好比說這個 Turner Onner專題）。

用RASPBERRY PI 進行聲控
只要大吼一聲，等著瞧！你的電腦、Roomba掃地機器人，甚至是你的燈泡都任你差遣。

藍牙智慧電燈開關
不想用Wi-Fi 嗎？那就搭配手機和PowerSwitch Tail 繼電器，透過藍牙遙控檯燈，或是其他插電的裝置吧。

這些專題，以及更多居家自動化專題都可以在makezine.com/projects找到。

下載材料的模板，或是分享你的成果，請上makezine.com/go/light-switch-turner-onner。

Hep Svadja, Anthony Lam

AMEL-Tech Boards by replaced by Arrow Boards
Boards included in this package:
SmartEverything Fox.
Online help
More info

esp8266 by ESP8266 Community
Boards included in this package:
Generic ESP8266 Module, Olimex MOD-WIFI-ESP8266(-DEV), NodeMCU 0.9 (ESP-12 Module), NodeMCU 1.0 (ESP-12E Module), Adafruit HUZZAH ESP8266 (ESP-12), ESPresso Lite 1.0, ESPresso Lite 2.0, SparkFun Thing, SweetPea ESP-210, WeMos D1, WeMos D1 mini, ESPino (ESP-12 Module), ESPino (WROOM-02 Module), WifInfo, ESPDuino.
Online help
More info

Click in this block, then click install

Installing...

文：馬克‧維格里　譯：王婉倩

PiKon:
一臺可3D列印的 Raspberry Pi望遠鏡

用列印部件及Pi相機模組打造自己的 120X天文望遠鏡

PiKon望遠鏡是一臺可以在家輕鬆打造的 DIY 天文相機，使用兩種顛覆性的科技：3D列印和 Raspberry Pi相機。安迪‧柯比（Andy Kirby）和我為了雪菲爾大學2014年9月舉辦的「Festival of the Mind」（活動中充滿萬用膠帶和過度的工程設計！）著手這項專題。我們想要展現的，是任何人都能用這些技術在家裡製作反射望遠鏡。結果引起了很大的迴響。我們不僅登上英國的國家通訊社報導，也成功地透過Indiegogo活動，和達倫‧巴克（Darren Barke）以及WeDo3DPrinting在雪菲爾有愉快的合作機會。

我們現在什麼都提供了——從3D列印檔案，到包含3D 列印元件和光學儀器的完整套件，我們甚至還提供已製作完成的PiKon給只想要寫作 Raspberry Pi程式的人。我們之所以要免費分享這些設計和3D列印檔案，是因為我們希望建立一個讓 Maker、天文學家、Pi程式設計師和教育工作者能彼此分享資訊、經驗，當然還有圖檔的社群。

運作原理

PiKon望遠鏡的基本構造來自牛頓式反射望遠鏡。這項350年前就存在的設計使用一個凹透鏡（物鏡）來形成影像，並透過目鏡觀察。物鏡被裝設在望遠鏡管內，副鏡則放置在45度角的光學路徑上，讓影像從望遠鏡管的另一端被看見。

Pikon望遠鏡和牛頓式反射望遠鏡很類似，但兩者之間的差異在於，Pikon望遠鏡的物鏡形成的影像會投射在數位相機的感光元件上（圖Ⓐ）。因為 Pi相機板較小（25mm x 25mm），所以我們可以直接把它裝在光學路徑的主焦點上，因此而換失的光線和裝設45度角鏡面的牛頓式差不多。

打造你自己的 PiKon

PiKon望遠鏡由兩個主要的3D列印配件組成。望遠鏡底部的透鏡配件為直徑4½"的球面鏡（圖Ⓑ）。

望遠鏡的頂部則為支撐Pi相機的軸射架配件（圖Ⓒ），讓你可以用料架和小齒輪結構，沿著望遠鏡的軸心前後移動以對焦影像。轉開Pi相機上的透鏡就能看見相機感光元件。

將這兩個配件裝在簡單的6吋望遠鏡塑膠管中。在英國，我們使用通風管；而在美國，Make:曾與舊金山天文愛好者協會（San Francisco Amateur Astronomers，

Brett Porter, Mark Wrigley

SFAA）的史考特·米勒（Scott Miller）合作，一同修正3D列印的部分，以確保配件能符合標準的PVC管。

最後，我們3D列印了符合標準¼-20螺紋（¼"惠氏螺紋）的天文鳩尾榫契子裝置，所以你可以將望遠鏡裝在天文望遠鏡或相機腳架上。

Pi相機捕捉到的影像可以由一臺接到Raspberry Pi的螢幕觀看（圖D、E），然後從Pi的microSD卡傳送到PC或Mac，或是透過網路直接從Pi上傳到Dropbox或其他類似的雲端系統（能用新的Raspberry Pi 3內建的Wi-Fi嘗試這件事讓我們覺得很興奮！）。

透鏡和其放大效果

PiKon望遠鏡擁有大約120X的放大係數（600mm的焦距和3.6mm x 2.4mm的相機感光元件）和¼度左右的視野。月球之於人類眼球的角度約½度，所以使用PiKon一次約可看見半顆月球。

球面透鏡和拋物透鏡皆可使用，也可以使用不同的焦距，只要根據不同的透鏡和焦距裁切望遠鏡管即可。要決定第三方鏡面的焦距，只要將一個遠距物品的影像投射到紙上，再測量透鏡和紙張的距離即可。PiKon的對焦屏被設計為可長距離對焦，所以測量稍微失準是在所難免的。

觸控螢幕操控裝置

布萊特·波特（Brett Porter）建造了PiKon套件，希望做出能用於實地考察的可攜式望遠鏡，因此用2.8"的TFT顯示器打造了專屬的觸控螢幕操控裝置，有4個控制按鈕和1個能為Pi和相機供電的5,200mAh鋰電池（圖F）。觸控螢幕就裝在望遠鏡的正上方。上方的月球照片就是Brett的作品。想要知道更多，可以參考makezine.com/go/pikon-touchscreen。

一名紐卡索Maker空間的成員甚至在望遠鏡上加裝和星圖同步的加速度計，我們很期待能聽到更多後續進展！

動手打造一臺望遠鏡吧，別忘了和我們分享你的成果！◐

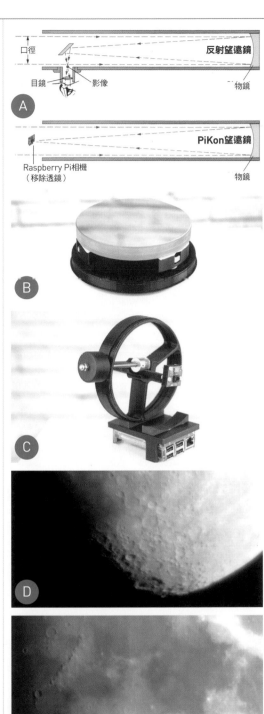

口徑　　　　　　　　　　　　反射望遠鏡

目鏡　　影像　　　　　　　　　　物鏡

A

Raspberry Pi相機　　　　　　　　PiKon望遠鏡
（移除透鏡）
　　　　　　　　　　　　　　　物鏡

B

C

D

E

F

馬克·維格里
Mark Wrigley
維格里是是一名商業型物理學家。他離開了與行動電話有關的高科技領域後，成立自己的公司，致力於告訴世人物理、科學和科技的價值所在。

時間：
1～2小時
成本：
150～300美元

材料

» Raspberry Pi 單卡機電腦，有 microSD 卡及電力供應
» Pi 相機模組，有排線的 v1 或 v2
» 3D 列印部分：軸射架、相機座、Raspberry Pi 座、調焦鈕、鏡座、鏡架和腳架座，你可以在 PiKon 商店、pikon.online 買一組完整的套件，或從 makezine.com/go/pikon-raspberry-pi-telescope 下載免費的 3D 列印檔案進行列印。
» 塑膠管，直徑 6"（150mm），長 610mm，用於望遠鏡管
» 球型鏡面，直徑 4.5"（114mm），焦距長 600mm，可從 PiKon 商店或 eBay 取得
» Raspberry Pi 盒（非必要）
» 自攻螺絲，3.5mmx10mm（8）
» 螺栓，8mmx25mm，有螺帽（3）
» 壓縮彈簧（3）
» 雙面膠帶
» 尼龍螺栓，M2x12mm（4），有尼龍螺帽
» 正時皮帶，T2.5（2.5mm 節距），寬 6mm，長 110mm
» 鑽齒輪，20 齒，2.5mm 節距，5mm 軸
» 螺紋桿，5mm，100mm 長
» 方螺帽，5mm（2）
» 圓頂螺帽，5mm
» 相機套，¼ -20 螺紋，用於腳架座
» 螺栓，M4x16mm，有螺帽（2）
» 顏料，磨砂黑（非必要）

工具

» USB 鍵盤、滑鼠和螢幕
» 鑽頭：2.5mm 和 4mm
» 六角板手，1.5mm
» 3D 印表機（非必要）

Mark Wrigley, Brett Porter

完整的PiKon製作方式及步驟，請見www.makezine.com.tw/make2599131456/3draspberry-pi。

這份專題摘錄自西蒙‧孟克的著作《Make：Action》，Maker Shed網站（makershed.com）與各大書店均有販售（中文版預定由馥林文化出版）。

文：西蒙‧孟克　譯：張婉秦

Crushin' It

壓扁它！使用Arduino和H橋馬達電路製作自動壓罐機

　　線性致動器能將DC馬達的高速迴轉轉換成慢速的直線運動，並提供較強的推力或拉力。你可以用簡易的H橋電路輕易地控制這些致動器——用Arduino組合，再加上一點木工，就可以自製一個飲料罐自動壓扁機——完全不需要焊接！

1. 電路接線

　　圖A是這次的接線圖，圖B則是Arduino與H橋模組的特寫。

　　L293模組有預設的跳線針腳，讓H橋的電路能持續運作，因此只需要將Arduino的兩個輸出端連接到IN1與IN2。

　　很方便的是，H橋模組包含一個穩壓器，能提供5V電源輸出，你可以直接連到Arduino的5V腳位來供電。

2. 製作壓扁機

　　壓扁機的基礎結構是一條2×4的木材。用致動器內附的固定零件將致動器安裝在木頭的一端，然後將致動器的軸心固定在木頭上，它會藉由擠壓另一端將罐子壓扁。兩塊合板安裝於兩側，避免罐子在擠壓過程中跑掉。

　　我沒有使用精確的大小尺寸，因為你的致動器大小可能跟我的有些不一樣。最好的方式就是先把致動器放在2×4的木材上，再來計算空間。記住，壓扁機完全延伸的時候，跟最後壓扁的位置之間要留一些空間，否則機器可能會自撞分離。

3. 編寫 ARDUINO 程式

　　從 makezine.com/go/arduino-cancrusher 下載專題程式碼 can_crusher.ino，並上傳到你的Arduino。程式碼看起來像下面這樣：

```
const int in1Pin = 10;
const int in2Pin = 9;
const long crushTime = 30000; // ①
void setup() { // ②
  pinMode(in1Pin, OUTPUT);
  pinMode(in2Pin, OUTPUT);
  crush();
  stop();
  delay(1000);
  reverse();
  stop();
}

void loop() {
}

void crush() {
  digitalWrite(in1Pin, LOW);
  digitalWrite(in2Pin, HIGH);
  delay(crushTime);
}

void reverse() {
  digitalWrite(in1Pin, HIGH);
  digitalWrite(in2Pin, LOW);
  delay(crushTime);
}

void stop() {
  digitalWrite(in1Pin, LOW);
```

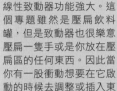

```
D10 ──── IN1
D9 ───── IN2
Arduino          L298        12V DC
          5V    H橋模組            電源供應
         GND              GND
              OUT1  OUT2
```

Arduino | 5V | D10→IN1, D9→IN2 | L298 H橋模組 | 12V | 12V DC 電源供應 | GND | OUT1 OUT2

線性致動器

西蒙・孟克 Simon Monk
（ simonmonk.org ）著有
與 Maker 相關的電子類書
籍，包括 Maker Media 的
《 Programming Arduino 》
以及《 Raspberry Pi Cookbook 》。他與
老婆琳達製作並於網站 monkmakes.com
販售書籍相關套件。

警告：

線性致動器功能強大。這個專題雖然是壓扁飲料罐，但是致動器也很樂意壓扁一隻手或是你放在壓扁區的任何東西。因此當你有一股衝動想要在它啟動的時候去調整或插入東西時，務必要小心。

B

C

時間：
2～4個小時
成本：
40～60美元

材料

» **Arduino Uno 微控制板**
» **線性致動器，6" stroke**，12V 3A 在 eBay 找到。
» **使用 L298 晶片的 H 橋模組**，eBay 上購買。如果你的致動器最大電流不是 3A，就要選擇能對應的另一個 H 橋模組（以及電源）。
» **跳線，母對母（2）** Adafruit #826
» **跳線，公對公（4）** Adafruit #758
» **轉接頭，將母接頭插孔安裝於螺絲式端子臺** Adafruit #368
» **電源供應器，12V 3A** Adafruit #352
» **木材，2×4**
» **合板，廢材**
» **木螺絲**

工具

» **木工工具**

善待你的馬達

想像一臺車向前直行，突然換成倒車檔被拋出——這就像你突然改變馬達方向可能會發生的事情。對小型且沒甚麼裝置在上面的馬達來說，通常不會產生太大的問題。但是，如果你是使用Raspberry Pi或Arduino控制板，而且與馬達共用電源的時候，你會發現Raspberry Pi可能會當機，或是Arduino重啟。因為當馬達突然反轉，會造成大量的電流流失，進而造成控制板電源電壓下降。

對常以慣性驅動物體的大型馬達來說，突然改變速度或方向會產生很大的問題。大量的電流組合可能會損害H橋，也可能讓馬達承受機械陡震。

為較大型的馬達設計控制軟體的時候，有件事

必須謹記在心：對馬達較好的方式就是事先設定好控制線，讓它在方向有任何變動前讓馬達停止；並在設定相反方向運動前停頓一下，讓它有足夠的時間完全停止。

在Arduino中，設定這類的延遲函式會看起來像這樣：

```
forward(255);
delay(200);
reverse(255);
```

在壓罐機的程式碼中，可以看到我們在擠壓跟反轉間設定了完全停止（**stops**），並延遲（**delay**）1秒（1,000 毫秒）。

H橋

H橋（H-Bridges）是一種簡單的電路，使由四個開關，藉由簡單地反轉馬達連接處的極性，來改變DC馬達的方向（正轉或反轉）

使用 H橋的開關

當4個開關全開時，電流就不會流經馬達。不過，如果開關S1和S4閉合，開關S2和S3斷開（如圖所示），電流就可以從正極供應端到馬達A端，經過馬達和S4，一直到負極，此時馬達會朝同一個方向運轉。

如果開關S1和S4斷開，開關S2和S3閉合，那正極的電流會變成從B端進入馬達與S2，並逆轉馬達的運轉方向。有趣的是，藉著同時將S1跟S3閉合（或S2跟S4），你可以讓馬達停止轉動。不過請不要同時將S1跟S2（或S3跟S4）閉合，否則會造成短路！

H橋模組中的L298晶片包含兩個小型H橋電路，也是同樣的運作方式。

```
digitalWrite(in2Pin, LOW);
}
```

❶ 雖然執行結束後致動器會自動停止，但是在反轉之前，擠壓時間（**crushTime**）（我的馬達是30 秒）是設定馬達要運轉多久

❷ **setup** 函式控制整個企劃的運作。設定兩個控制針腳輸出之後，它會馬上啟動 crush 函式開始壓扁。

4. 壓扁罐子！

按下 Arduino 的重置按鈕來啟動擠壓的動作（圖 **C**）。只要 Arduino 重置，它就會自動開始移動線性致動器。很順暢！

更進一步

H橋可以用來控制其他類型的馬達，包括步進馬達。它們也可以運用來將電源切換到其他設備，例如熱電（帕爾帖效應）元件。你可以在我的書《 Make: Action 》習得更多相關的資訊。

你makezine.com/go/arduino-can-crusher可看到原型壓扁機的運作，並可在《Make: Action》書中學到更多關於用Arduino和Raspberry Pi製造移動、光線和聲音，makershed.com有販售（中文版預定由馥林文化出版）。

Get a Grip

握力大考驗
使用應變規跟比較器晶片打造嘉年華會中的握力遊戲機

文、攝影：查爾斯・普拉特　譯：張婉秦

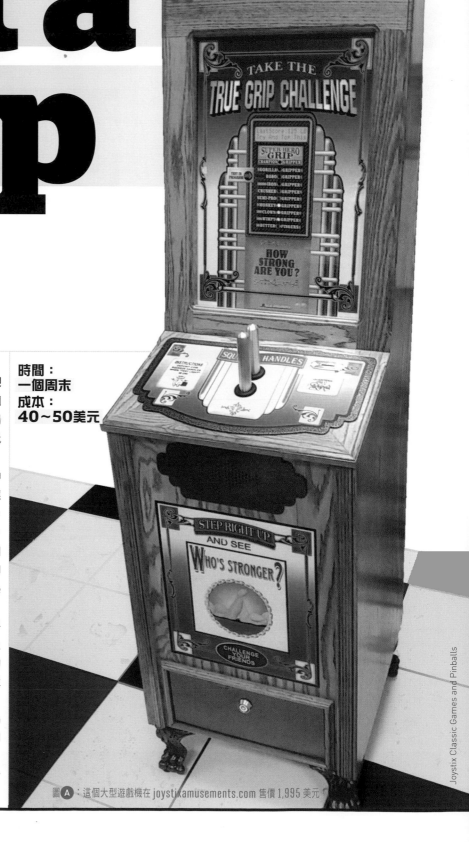

時間：
一個周末
成本：
40～50美元

　　在嘉年華中，握力挑戰遊戲機通常是最受歡迎的，鼓勵（大部分的）男孩們用力握緊把手來個力量大較勁。圖Ⓐ展示出你仍可以在遊戲商場看到的機型，全新的機臺售價將近2,000美元——所以我決定自己做一臺。

　　我使用應變規來測量握力，其原理是當你拉伸它的時候，導體的阻力會略微地增加。典型的應變規組態如圖Ⓑ所示，導體平行會將效果加乘。

　　將四個應變規黏在一條鋁條的上方跟下方，你就可以得到一個圖Ⓒ一樣的荷重元（load cell）。應變規間以電線連接形成組態，即為圖Ⓓ所示的惠斯登電橋（Wheatstone bridge）。

　　實際的荷重元如圖Ⓔ所示。電源輸入線幾乎都是紅色跟黑色，輸出線則是綠色跟白色。負載必須與鋁條上的箭頭同方向，使綠色電線的電壓上升時白色電線的電壓下降。電壓差會從荷重元輸出，顯示最大負載量為多少mV/V。舉例來說，如果一個50kg荷重元的額定負載為1.1mV/V，你以9V電池通電的話，當負載增加到50kg，輸出就會達到9.9mV。

　　分線板搭配微控制器可用來做為荷重元的介

圖Ⓐ：這個大型遊戲機在 joystixamusements.com 售價 1,995 美元

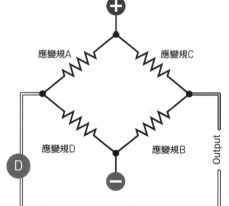

B

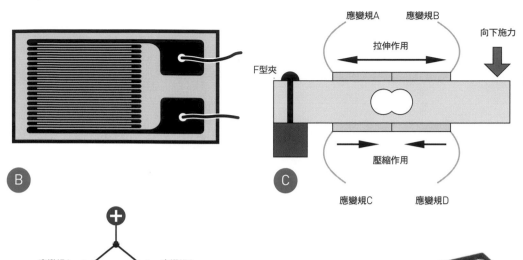

C

向下施力

應變規A　應變規B

拉伸作用

F型夾

壓縮作用

應變規C　應變規D

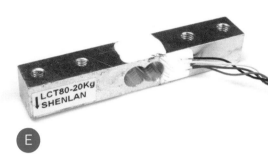

D

應變規A　　應變規C

應變規D　　應變規B

Output

E

圖 E：典型的荷重元。以這個專題來說，你可以使用最高負載量 20～50kg 的荷重元，兩端各有兩個洞口，如圖所示。

查爾斯．普拉特 Charles Platt

著有適合所有年齡層的入門指導書《圖解電子實驗專題製作》（碁峰出版），以及續作《圖解電子專題續篇（Make：More Electronics）》（中文版預定由馥林文化出版）。

makershed.com/platt

材料

» **應變規荷重元，額定負載 20kg 以上。**例如 eBay 商品編號 #281926816093，或 RobotShop 商品編號 #RB-See-414 或是 RB-Phi-119
» **運算放大器 IC 晶片，LM741 型**
» **四電壓比較器 IC 晶片，LM339 型**
» **電阻：**470Ω（4），1.5kΩ（1），2.2kΩ（2），10kΩ（1），33kΩ（2），47kΩ（1），100kΩ（1），330kΩ（1），680kΩ（1）
» **LED：**通用（4），3mm（1）
» 迷你搖頭開關
» 9V 鹼性電池
» 免焊麵包板
» 跳線
» 橡木或楓木板，¾"×3½"，總長 6'
» 平頭木螺絲，#6×1¼"（4）
» 墊圈，#8（4）
» 木膠或環氧樹脂
» 合板或 ABS 板材，¼" 或 1/8" 厚，6"×6"

工具

» 剝線鉗
» 鉗子
» 烙鐵
» 三用電表
» 木工工具

圖 B：當應變規水平拉伸時，其連結間的電阻增加。垂直伸縮的變化則非常小。

圖 C：壓下荷重元的一邊，安裝在上方的應變規會向外拉伸，安裝在底部的應變規拉力則會減少。

圖 D：應變規會連接至 2 個反應相反的分壓器，在綠色跟白色輸出線間製造電壓。

圖 F：握力遊戲機電路簡圖。荷重元的輸入會由安裝於底部的 LM741 增幅。LED 從右到左陸續發光。

面，不過使用模擬集成電路會更加便宜、簡單。一個基本的 LM741 運算放大器可以增幅荷重元的電壓，而 LM339 四電壓比較器能隨著荷重元的負載增加，接連點亮 4 個 LED。

圖 F 顯示了麵包板布線用的電路簡圖。LM339 的接腳讓它易於配置在電路上方。我同時加了一個搖頭開關，以及連接 1.5K 限流電阻的 3mm「電源指示」LED 燈（圖中未顯示）。

這個專題我選擇使用負載 20kg 的荷重元，不過藉由調整握力機設計中機械的槓桿率，可以調高到 50kg。將荷重元的一端安裝到沉重的廢棄木材上進行測試，墊圈也一併安裝，讓荷重元有空間彎曲。大部分的荷重元有公制螺紋，但你也可以鑽孔以吻合你選用的螺絲或螺帽。

將紅色跟黑色電線接上 9V 直流電源，並將你的電表測量單位設為毫伏特，然後用 F 型夾增加荷重元閒置端的阻力（下一頁圖 G）。如果額定負載為 1mV/V（一般情況下），就鎖緊夾子直到測量出 9mV。這告訴你荷重元現在正達到它的最高負載。

當你拿開電表時請將 F 型夾放置原處，並將綠色跟白色電線連接到運算放大器。根據我電

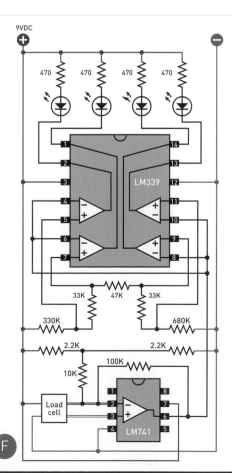

9VDC

LM339

LM741

Load cell

F

Charles Platt

路圖的各元件數值，LM741 6號腳位的輸出為約 6.3V。如果你測量出的數值比這個小，就用數值較大的元件替代 100K 的反饋電阻。如果大於 6.5V，就用小一點的反饋電阻，因為 LM339 比較器無法比較太接近電源供應的電壓增幅。

為提供比較器參考電壓，我安裝一串5個電阻做為分壓器。電阻值分別為 680K、33K、47K、33K，以及 330K，提供的參考電壓大約為 5.0V、5.3V、5.7V，以及 6.0V。當運算放大器的輸出從無負載的 4.5V 增加到最大負載的 6.3V 時，它會經過每個參考電壓，並啟動下一個比較器，而讓下一個 LED 發亮。如果你想的話，也可以用不一樣的電阻值測試看看。

因為 LM741 對雜散電磁場很敏感，所以要將荷重元的電線纏繞好，避免 LED 產生不必要的閃爍。

為了對你的電路進行永久性固定，需要硬木來承受可能的力度。我做了一個耐受力強的橡木箱，如圖 H 建構中的樣子。將其中一個把手固定，另一個樞軸則在圓形定位銷的附近。我上下移動定位銷來調整把手的位置，直到我需要用盡所有的力氣來觸動第四個 LED 後，我為把手做了一個永久的樞軸，並用餅乾榫機（biscuit joiner）將箱子組裝好（圖 I）。

更進一步

如果要製作自己的版本，你可以辦一場握力比賽讓大家來挑戰——可以是正式，或非正式。要呼攏朋友的話，可以加個隱藏開關，連接到與第一個平行的第二個 100K 反饋電阻，這會減少運算放大器的力度，幾乎沒有人可以讓第4個 LED 發亮（當然，除了你以外）。我想大家在玩嘉年華遊戲機的時候，應該多少會預料到有些小把戲。

除了荷重元之外，還有許多其他種類的力度感測器存在。你可以在由 Maker Media 發行的我的著作《電子零件百科全書：第三冊（暫譯）》（Encyclopedia of Electronic Components，Volume 3）中學到更多。◾

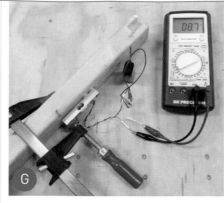

圖 G：用 F 型夾來校準握力遊戲機

圖 F：你可以藉由移動圓形定位銷來調整，它的作用就像是臨時樞軸。

圖 I：握力遊戲機完工，看看誰能擊倒它。

到 makezine.com/go/get-a-grip 瀏覽更多圖片，以及分享你的握力遊戲機！

1+2+3

簡易看書架
使用隨手可得的衣架來迅速製作出低成本看書架！

文：趙珩宇

想要一邊參考書籍內容一邊製作專題時，沒有地方可以把書攤開擺好、不讓書本合起來是件惱人的事情（不，不要跟我說你都把內頁直接朝下放在地上）。雖然市面上有很多現成的多功能看書架，甚至還能多段調整，但最省錢的方法就是利用隨手可得的材料自己做一個。

1. 廢物利用

大賣場或10元商店常見的便宜鐵絲衣架，可說是臺灣每戶家中必備的日常用品；但隨著長時間使用，上頭的塑膠外層常會剝落、露出生鏽的鐵絲部分，有可能會鉤壞你的心愛衣物。這時差不多就可以把它從衣櫃裡淘汰了，接著，來動手來將它做成看書架吧！我在這裡選用的是鐵絲較粗的類型，才足以支撐住較厚的書籍。

2. 折彎、再折彎

首先，將衣架下半部的三角形部分對折成符合書本展開幅度的角度，接著將底部的兩端往上凹折一小段，做成可以卡住內頁的置書夾；三角形的頂端部分恰好能做為卡住書背的凹槽，讓書不會東倒西歪。然後，將衣架頭的掛鉤拉直，再彎成能抵住桌面的形狀，這樣做可以讓你的書架在放置較大本的書籍時更能保持平衡。

3. 看書囉！

這樣的簡易書架不管是要放在桌上，或是在製作專題時擺在一旁的地上都十分合適。由於鐵絲易於凹折、十分有彈性，你可以隨意調整書架，以符合你所需要的內頁攤開程度與傾斜的角度。我所製作的看書架最大可以放得下《動手打造專屬四旋翼》（17×23cm，厚度接近400頁）。如果長度過長或是書本太薄，就比較容易失去平衡，但整體來說它還是一個看書好幫手。而如果你想攤開一本巨型畫冊的話，不妨用曬棉被用的大型曬衣架來製作吧！

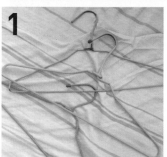

1

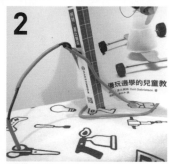

2

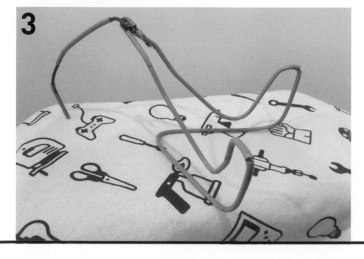

3

趙珩宇
師大科技所研究生，主攻科技教育，目前任教於永春高中。喜愛參與Maker社群活動，希望將自造社群的美好以及活力帶給大家。

時間：
3分鐘
成本：
3～5新臺幣

材料
» 鐵絲衣架（1），最好選擇較粗的。

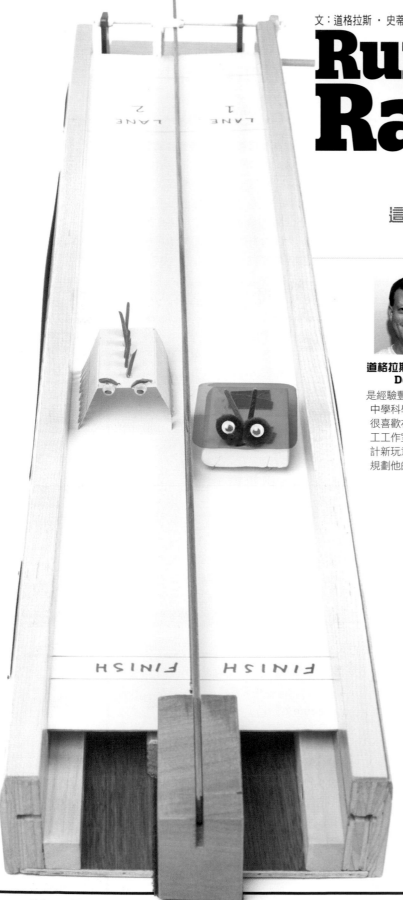

文：道格拉斯・史蒂斯　譯：屠建明

Rumblebots Raceway

振動機器人賽道

這是一項受《MAKE》雜誌文章啟發，以手搖驅動的好玩課堂科學專題

道格拉斯・史蒂斯
Doug Stith

是經驗豐富的29歲中學科學教師。他很喜歡在自己的木工工作室為學生設計新玩意，也正在規劃他的家庭金工工作室。

時間：
4～5小時
成本：
30～50美元

材料

» 廣告板，約厚 $1/16$"、長 30"。我用的是在 Staples 買的 20"×30" 插畫板。
» 合板，$3/4$"：32" x 6"（2），用於側邊
» 與合板或 MDF，32" x 7"，任何厚度皆可，用於底面
» 方形釘釘，1" x 1"，長 30"（2）
» 木條，長約 32"，直且平滑，用於賽道分隔島
» 中等輪齒尺寸齒輪。可使用 Ajax Scientific 出品的 20 齒或 40 齒齒輪（例如 Amazon 網站商品編號 #B00EPQMI2S），或自行以薄合板裁切。如果用雷射切割機（或 3D 印表機）會更容易。
» 輪軸。我使用了一個螺栓和 4 個防鬆螺帽。
» 各種大小木塊，用於手搖曲柄及架高木條等等
» 木螺絲

工具

» 桌鋸
» 電鑽
» 螺絲起子
» 固定夾
» 砂紙或砂磨機

「聽起來很酷，但是它們到底是怎麼前進的？！」

　　我第一次讀到鮑勃・納茲格（Bob Knetzger）在《MAKE》雜誌第41期刊出的「吼豬」（Hog Holler）玩具（ makezine.com/2014/11/04/how-to-getyour-toy-made ）就深深受到吸引，並且決定要做出類似的東西給我六年級科學課的學生研究。它的概念看起來很簡單：

玩家聲音的振動會搖晃平臺，讓塑膠的「小豬」沿著路徑移動（圖 **A**）。但是它們的移動不會是隨機、沒有方向的嗎？或許路徑有稍微下坡？嗯嗯嗯嗯……真是值得思考。

我聯繫到了鮑勃，他解釋「腳部」的角度是移動方向的關鍵；民俗玩具通常會用掃把刷毛或細木條。很好，有進展了！

下一個問題是如何設計新的振動來源。我起初在大塑膠盤上用鼓棒敲打，確實有讓小豬前進，但我想要找到更一致的振動。我考慮過用音響播放固定的聲調，或是在馬達輪軸上偏心配置砝碼。但因為幾乎沒有進展，我再次請教鮑勃。他寄給我一段影片，讓我看裡由一組于搖齒輪的輪齒敲擊軌道的邊緣。原來這麼簡單！以下是我所製作的鮑勃這項發明的課堂版。

我的振動機器人賽道

振動軌道用的是一塊 6"× 30" 的廣告板，厚約 1/16"（圖 **B**）。軌道放置在 2 塊以長 32"、寬 6"、3/4" 厚的合板切割而成的側板間，上面的溝槽距離底面大約 1 1/2"、深約 3/8"（不需要精確依照這裡的尺寸製作）。

用一根木條架在軌道中央即可分隔出兩條賽道。

將一個直徑約 2 1/2" 的齒輪裝在轉軸上，讓它和軌道的一端磨擦以驅動振動機器人。輪軸架設在孤立的基座上，如此可以調整齒輪在軌道上的位置（圖 **C**）。

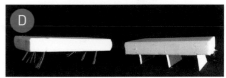

振動機器人

我為振動機器人挑選了兩種基本設計。第一種是根據賽道的尺寸切出一塊保麗龍，在底部與長邊垂直的方向用夾背鋸切出有角度的溝槽，然後在溝槽裡插入紙張、硬紙板、松針、大頭針等等（幾乎想得到的所有東西）來做為腳部（圖 **D**）。

第二個設計裡，我用索引卡在前後折出類似的角度，接著在前後剪出楔形的腳部（圖 **E**）。

家庭科學專題：競速振動機器人

我將競速振動機器人提供給我的六年級學生做為家庭科學專題，也就是說這不是強制性的作業，也不會有獎勵（糖果、加分等等），而是讓學習的樂趣成為他們的動力。我鼓勵他們和朋友或家人一起進行這

個專題，也為他們做了一段說明影片，放在 makezine.com/go/rumblebots-explainer。

有十九位學生做出了他們的振動機器人，連兩位學校清潔人員都來參與。（他們最初的設計是使用豪豬的棘刺來製作機器人的腳部！）有好幾位學生依照我的建議去研究「鬃毛機器人」，並採用牙刷來製作腳部。讓我驚訝的是，我竟然在和學生的比賽中只拿第二名！圖 **F** 為愛莉克絲和她的冠軍振動機器人。

對學生的好處

愛莉克絲對這個專題的感想是這樣的：「我先看了影片，然後將需要的材料列出來。我根據您在影片中的建議去研究鬃毛機器人，發現它們是用牙刷和馬達做成的，接著我試著以用過的舊牙刷和梳子來製作。牙刷的效果最好。因為牙刷很容易傾倒，所以我在上面裝了紙板來維持平衡。

測試振動機器人的時候，我將一塊紙板放在兩枝鉛筆上面，然後輕敲紙板。確認可以用之後，我媽媽幫我買了一些新的牙刷。我有嘗試將兩到三個刷頭接在一起，但我發現使用單個效果最好。打敗史蒂斯老師很有成就感！」

另一位學生菲莉西亞做出的機器人不會前進，只會上下跳動（圖 **G**）。她的設計問題出在哪呢？

答案是垂直的腳。這會讓菲莉西亞覺得做這個是浪費時間嗎？「構思自己的設計還是很有趣，我也很高興參與了這個專題。我也發現在把棉花棒用傾斜的角度插進去後就能確實前進了！」（學習成就解鎖！）

學生們成長的世界愈來愈虛擬，很多經驗都是在螢幕上獲得的，所以我喜歡看到學生根據自己的設計來操作材料，而不只是組裝樂高積木。在 makezine.com/go/rumblebot-races 可以看到學生們所有的振動機器人設計和比賽。

接下來我會讓學生們挑戰「相撲振動機器人」（把對手推出範圍外）和「迴轉振動機器人」（轉彎一個半圓，並從進場的同一個邊離場）。

將來這群學生說不定還可以自己設計新專題來玩。 ✦

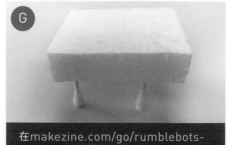

在 makezine.com/go/rumblebots-raceway 瀏覽機器人競賽影片、更多照片，以及分享你的作品。

A: Bob Knetzger, [B, C, E]: Hep Svadja, [D, F, G]: Doug Stith

1+2+3 食用紙

文：凱希·西塞里
圖：安德魯·J·尼爾森
譯：屠建明

紙張通常是用植物性材質製成的，所以何不試試同時也是食物的植物呢？

植物的細胞都由一層強韌的纖維素包覆著。切碎和浸泡之後，這些微小的纖維會互相連接，由一種分子間的「凡得瓦力」鍵結在一起。

你在生日蛋糕上看到的照片是用蔬菜澱粉製成的威化紙列印的。在中國，人們用米紙來製成可食用的糖果紙，而在越南，則會用另一種米紙來包春捲。

我們可以用食用紙來製作宴席的座位牌、甜點的外帶盒，或是傳遞祕密訊息。（閱後即食！）以下是越南米紙的簡易食譜。

1. 調合材料

混合糯米粉、太白粉、鹽和冷水，攪拌成接近白膠的濃稠度。

2. 倒出

將保鮮膜拉開封住盤子，要和鼓皮一樣緊。把糊狀混合物倒到保鮮膜上，接著傾斜盤子，將混合物抹開成至少直徑7"的圓形。

3. 煮熟

用強火微波45秒。這時紙張會隨著水分轉化成蒸氣而膨脹。用隔熱手套把盤子翻過來放在蠟紙上。拿開盤子，接著小心地將保鮮膜撕掉。可食用紙會在冷卻過程中彎曲，把它剪成方形可以幫助維持平整。放進夾鏈袋可存放1到2天。

添加顏色及口味：嘗試加入香草、肉桂、柳橙汁、楓糖漿、椰奶、香蕉泥或莓果。調整原料的比例以維持適當的濃稠度。

在可食用紙上寫字：購買食用墨水筆，或把葡萄汁、蔓越莓汁煮滾到濃稠，製作自己的墨汁。也可以融化巧克力當成食用油漆！

凱希·西塞里
Kathy Ceceri
（網站：craftsforlearning.com）著作多本適合兒童的書籍，例如《超簡單機器人動手做》（馥林文化出版）和即將出版的《Make: Edible Inventions》。本專題出自《Make: Paper Inventions》（Maker Media 出版）。

時間：
10～15分鐘
成本：
1～2美元

材料

» 1 茶匙糯米粉
» 1 茶匙太白粉
» 1½ 茶匙冷水
» 一撮鹽（非必要）
» 小攪拌盆
» 打蛋器或叉子
» 湯匙或刮勺
» 可微波盤子
» 保鮮膜
» 微波爐
» 隔熱手套
» 蠟紙
» 散熱架（非必要）
» 美工刀或剪刀

Toy Inventor's Notebook

友善的惡作劇 發明、繪圖：鮑勃・納茲格 譯：屠建明

用熱塑性塑膠製作令人耳目一新的惡作劇道具！

時間：
1～2小時
成本：
5～10美元

材料

» **熱塑性塑膠粒**，例如 Friendly Plastic、ShapeLock、InstaMorph、ThermoMorph 或 U Mold，即聚己內酯（PCL）
» **熱塑性塑膠染色粒**，U Mold, InstaMorph, Polly Plastics 及其他廠商皆有售。
» **熱水**

我之前介紹過用 **Sugru 製作的專題**，但這次為各位帶來的是另一種不能錯過的多用途、易於操作的塑膠：Friendly Plastic。它比較生硬的化學名稱是聚己內酯（PCL），在市面上也有其他名字，像是 InstaMorph、ShapeLock 和 U Mold。這是一種熔點低的生物可分解聚脂纖維，只要用熱水軟化就可以用手塑形，冷卻後會固化成類似尼龍的堅硬材質，可以拿來切割和鑽孔。我們還可以添加染色粒來調出任何想要的顏色。能即時塑形、自訂色彩的堅固塑膠零件再實用不過了！

以下是可利用聚己內酯製作的經典惡作劇更新版，除了歷久不衰的狗便便，還有更多好玩的做法：

Ⓐ 假番茄醬和芥末醬

搭配真正的醬包放在媽媽的 iPad 上！

Ⓑ 口香糖手機架

看起來噁心，但很好用！

Ⓒ 打翻奶油球

放在別人的《MAKE》雜誌上來嚇嚇他們！

Ⓓ 騙人蠟筆

不管多用力都畫不出來。將軟化、染色後的 Friendly Plastic 放進管子裡，等冷卻後用削鉛筆機做出筆尖，然後貼上真正蠟筆的標籤。Ⓥ

歡迎到 makezine.com/go/friendly-fake-outs 分享用 Friendly Plastic 來惡作劇的點子。

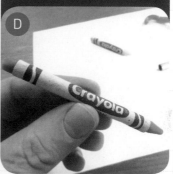

Bob Knetzger

TOOLBOX

好用的工具、配備、書籍以及新科技。
告訴我們你的喜好 ***editor@makezine.com.tw***

譯：屠建明

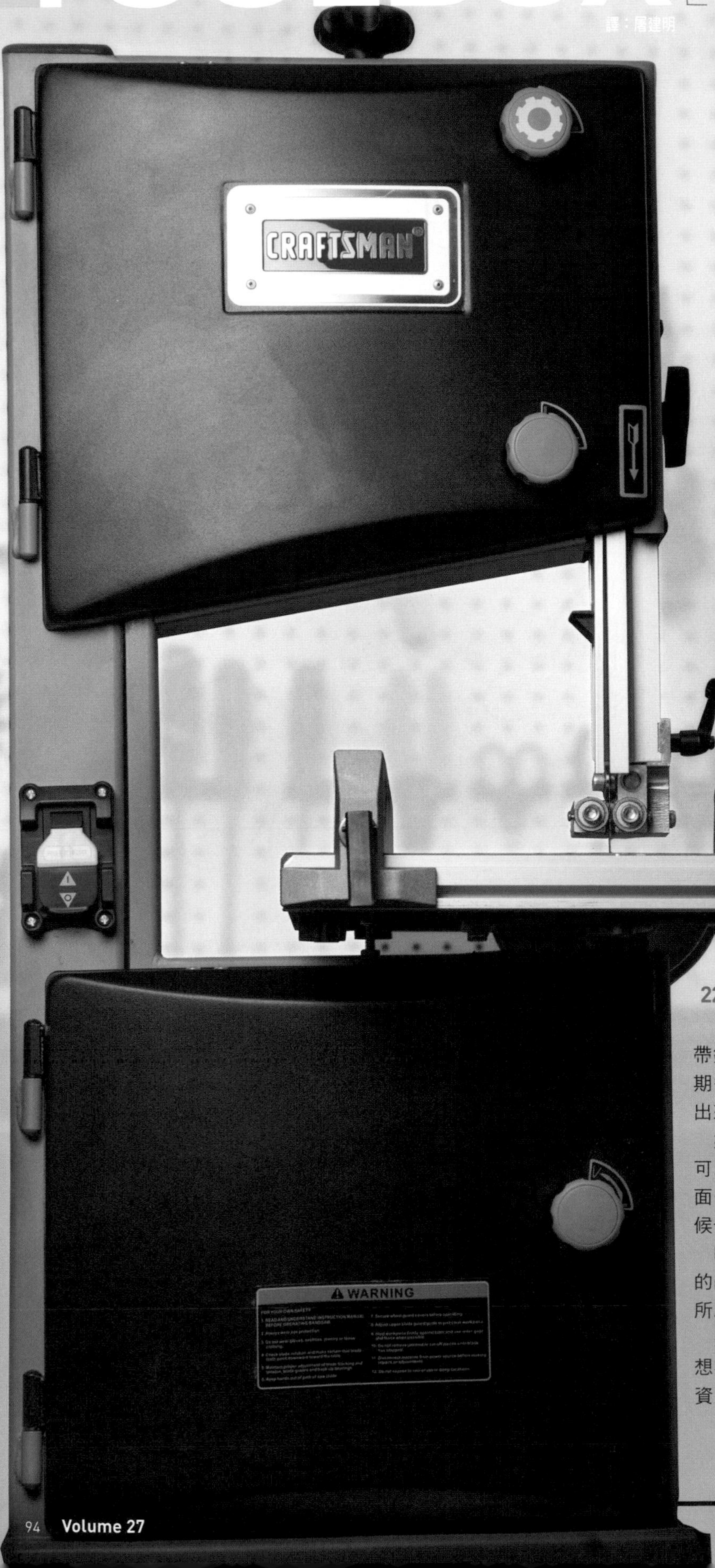

Craftsman 10"平臺帶鋸機

220美元： craftsman.com

《MAKE》雜誌辦公室的那臺Craftsman的10"帶鋸機完全符合我對於Craftsman出品工具的高水準期待。就算用了很多次，我還是很滿意，也很驚訝切出來的線條還是很平順，且噪音相對較小。

如同大多數帶鋸機，這臺13¾"×12 "的工作平臺可以調整方向，方便切割不同的角度。你可以在它上面安裝一臺吸塵器，將灰塵量降到最低，不需要的時候也可以把吸塵器拿掉，以便攜帶。

唯一的問題就是工作擋板，它固定的機關和腳踏車的凸輪鎖很像，並不是最好的設計，總是會稍微歪掉，所以我都會用直角尺來確定切出來的角度。

這臺帶鋸機非常適合在小型空間工作的人，如果你想找一臺有效率、CP值高的工具，這會是個不錯的投資。

——安東尼・林

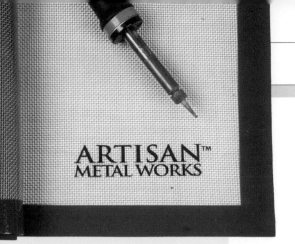

Artisan Metal Works矽膠墊

一組3個，10～35美元：
artisanmetalworks.biz

矽膠工作可以有效固定專題，同時也能保護你的工作平臺。但不幸的是，矽膠墊通常都要價不斐。我們發現這套矽膠烘培墊，和矽膠墊的製作方式很像，可以當做替代品，又便宜。矽膠墊非常適合電子專題，其表面可以幫助防止零件滑落，耐溫高達華氏480度，如此一來焊接的濺污就不會侵蝕到桌面。這一組為三入包裝，包含大、中、小三種尺寸，售價35美元，線上購買不到10美元。記得在上面標示「非食物用」，以免自己不小心拿來放餅乾。

——麥可・西尼斯

JACKCLAMP系統

一對125美元：Jackclamp.com

這組垂直狀、看起來強而有力的固定鉗，就像是13½"固定鉗的超級放大版。有了專利的水平儀、可卸式橫桿，你可以隨著作品的難度重新組裝、拆解固定鉗。你可以把上橫桿翻轉，製造出寬32"至¼"不等的空隙（真希望我在重新裝潢廚房流理臺的時候有這些東西），也可以用腳架式垂直起重器，兩個一起使用，就能輕鬆的舉起一個櫥櫃、微波爐，或是一片夾板，精準的放進牆面剛好的位置，通常這些事情都要兩個人合力完成。這個組合工具的雙軌端都有鑽洞，可以放上掛勾，抬起高達300磅的重量。而V型附件可以夾住管子，甚至可以把下橫桿放進去，打造偏移式夾鉗或偏移式延展器。

JackClamps相當堅固，可以對齊經緯2×4s，或是將一臺四輪摩托車從車庫地面舉起來，保證不滑掉或失敗。這些都歸功於內建的四顆煞車鉗（大部分的鋼筋夾都只有兩個）。混合式氣泡水平儀最大的功用在於保持千斤頂的水平，但誰知道你哪天會拿這個來做什麼呢？水平儀笨重又昂貴，單買要55元美金，如果要買一對加上所有的配件則要125美元——不過是美國製的，保證可以用很久，而且老實說，它們看起來會存在得比我們還久。如果沒有什麼問題的話，我要先閃人了，我還有個甲板要抬呢！

——凱斯・哈蒙德

BOUTON傳統護目鏡

10美元：safetyglassesusa.com

這副護目鏡模仿巴迪・霍利和伍迪・艾倫的復古尺寸，將流行元素放進安全考量裡。這副護目鏡除了讓你成為店裡最酷的人之外，還能阻隔99.9％的紫外線，鏡片抗UV-5、VL-20、IR-7。塑膠的鏡片防刮、防霧，鏡框框架則非常地舒適，鼻樑架的設計適合所有的配戴者。這款護目鏡還有折疊式側邊鏡，可以加強防霧效果，同時也能維持其安全性。我戴這款好幾年了，無論是在家、店裡，或是在大間工廠都用得上。擺著看很簡約，戴起來舒服，又非常地耐用。

——艾蜜莉・寇克

FLIR ONE
熱像儀

250美元：flir.com

　　熱成像攝影機的其中一個問題，是畫面細節在熱顯的畫面不是很清楚。Flir One 熱像儀克服了這個困難，將 Flir 開關式感測器與熱成像攝影機結合。呈現出來的影像絕無僅有，物體與物體之間的線條非常清楚。這可以用來做任何事情，包含找尋屋內可能缺少的絕緣體、抓漏，或單純只是想要和朋友拍攝新奇的跳舞影片。

　　　　　　　　　　　　　　—MS

KERSHAW
磨刀器

美金25元 kershaw.kaiusaltd.com

　　我決定要自己打磨我心愛的 Kershaw 刀，發現 Kersaw 有賣隨身攜帶式的磨刀器。這磨刀器的品質讓我感到驚艷，外殼為 6060-T6 航空用陽極氧化鋁合金製成，超輕薄，還擁有雙用途，可做為拔螺絲的起子。磨刀器打開後長度為 9"，握柄為 600 粒度的金剛石塗料橢圓斷面。這個粒度最適合用來磨刀，刀鋒不會嚴重受損，使用的時候不需要水或油。如果要打磨出銳利的刀刃，只要將刀子從底部往尖端拉 20 度角即可。

　　　　　　　　　　　　　　—EC

IDEVICES
戶外開關

80美元：idevicesinc.com

　　最近在後院加裝了些燈串後，我想找個不用去外面開關牆壁上的電源的辦法。原本想請水電工幫忙在室內加裝該插座的開關，但後來看到 iDevice 有 Wi-Fi 控制的戶外開關。外盒可以承受各種天氣，內有兩個插座，連結到屋內的網路，只要觸控程式，就能立刻開關電源。此外我發現這也能跟蘋果的 HomeKit 服務連結，也就是說，我可以用 Siri 聲控開關電源。我想我的鄰居應該很崩潰，因為我常常把燈開開關關。另外，我也在研究 HomeKit 的世界，思考如何在我的網路上增加 DIY 專題。

　　　　　　　　　　　　　　—MS

Z1 SMOOTH-C
智慧型手機手持穩定器

230美元：zhiyun-tech.com

　　在記錄你最新、最滿意的成品時，有時候相機的操作比相機本身的等級還具有影響力。如果運鏡能夠平順，蘋果手機拍出來的影片也能看起來很專業。四軸飛行器上見到的那種二軸電子手持穩定器，現在也有手持的使用方式可選擇。我用的是 Zhiyun Smooth-C，幫助我拍攝的影片減少許多手震跟晃動。堅固的結構、適中的大小，以及標價 250 美元以下，對隨走隨拍的人來說是個聰明的選擇。而且不僅限於搭配手機使用，這臺手持穩定器也能和傻瓜相機、GoPro，甚至 360 度攝影機結合！

　　　　　　　　　　—卡里布・卡夫特

RASPBERRY PI 3

35美元：raspberrypi.org

雖然定價依然是35美元，不過新款 Raspberry Pi 內裝有許多改變。Pi 3不選用前幾款 Pi 使用的ARM v7，改用1.2千兆赫，四核心64位元ARM Cortex A53，比起大部分的人所使用的桌電速度更快，這是第一款64位元 Pi。但這款 Pi 跟之前最大的不同是多了內建 Wi-Fi，以及4.1藍牙，更適合應用於物聯網專題。有趣的是，提供 Wi-Fi 和藍牙功能的BCM43438也有調頻接收，因此用RPi製作FM收音機應該會容易些。

控制板使用無接頭模式時，相當適合做為感測網路的集線器，但是要注意在僅連接 Wi-Fi 時，這種無接頭模式的無訊號源情況。你可以啟用SSH連線工具的把關功能，避免這種省電模式下的問題。Raspberry Pi 已售出800萬片，這些使用者都替Pi背書，此外該基金會相信Pi的向下兼容性也是該控制板重要的一大特色。

——阿拉斯戴爾·亞倫

ADAFRUIT METRO和 METRO MINI

19.50美元／14.95美元：adafruit.com

如果你說 Adafruit Metro 的大小和 Arduino Uno 的大小一樣，說你對也是，說你錯也可以。更精確來說，Adafruit Metro 複製了 Uno，但是加入更多東西。第一眼看到 Adafruit Metro，會覺得這是個 Arduino 大小的 PCB，中間有個ATmega328P，正面與反面有數排GPIO。Adafruit 表示，Metro 所有的外型都跟 Uno 一樣。

然而，他們增加了許多引人注目的硬體元件，如絕對必備的電源開關。你也可以焊接一個跳線，來將邏輯位準從一般的5V轉換成3.3V。此外，換上一個微型USB插槽，用以供電給控制板及編寫程式。最後，Metro 提供了有無排針母座的選擇。我最近在一位客戶的專題上使用了 Metro，不使用排針，而是直接將電線焊接至板上。所以每當專題需要加上擴充板的時候，只需要將電線解焊，裝上排針母座，就能像使用 Uno 板般熟練地將擴充板裝上。

Adafruit 將 Metro 升級為 Mini 版，Mini 版提供和正常版一樣的功能，只有去掉電源開關。如果你沒有要用到擴充板，較便宜的Mini 依然提供完整的ATmega328P使用經驗，以及FTDI USB-to-serial訊號轉換器。可以和 SparkFun 的 Pro Mini 328 比較，SparkFun 需要額外購買FTDI版才能使用該電路板跑程式。

——約翰·白其多

BOOKS

東京職人

Beretta P-05　人人出版

300元：www.jjp.com.tw/

日本的職人精神其來有自，因為日本總是一方面不斷吸收外來文化，另一方面也不斷內化並發展出屬於自己的特色，工藝品就是其中之一。自明治時代起，工業急速發展，首都東京更是其發展中心。而今日在東京的各個角落，仍可見到職人們堅持以手工製作工藝品的身影。

本書集結了東京都政府指定的40種傳統工藝品、49位職人們的工作故事，由年輕且衝勁十足的攝影師團隊多次造訪、拍攝。透過攝影師的鏡頭，讀者可以一瞥職人們工作時的情形、工作環境、工藝品在完成之前的姿態等許多珍貴的畫面。東京職人們傳達出手作工藝品的質地與溫度，再再教人感受到人的價值與信念。在機器人時代來臨的現代，職人精神尤其教人感動。

科學玩具自造王

金克杰　親子天下

399元：www.cwbook.com.tw

學科學不只在教室中，在家也可以！本書介紹20件小朋友在家就能自己動手做的科學玩具，每種玩具皆對應一種科學原理，含蓋力學、電學、機械原理、光學、電磁力等，讓孩子在做中學、玩中學、快樂學習。

除手工科學玩具，本書更引介目前最夯的3D列印技術。作者金克杰推廣3D列印技術多年，定期舉辦工作坊，分享老師如何在課程中運用3D列印。目前各級中小學內擁有3D印表機的比例逐年增加，能讓孩子體驗最新技術，從小培養設計思考的概念。本書提供3D列印檔案供讀者下載，只要將檔案輸入3D印表機中，即能輕鬆印出套件。

MANNEQUIN

社群的支援會讓這款奇特的3D 印表機套件能夠更進一步
文：麥特・史特爾茲　譯：屠建明

去年秋天，我走在 World Maker Faire 擁擠的攤位之間，剛好遇到OpenCreators團隊，並發現一件奇特的東西：厚紙板3D印表機。

需組裝後使用

OpenCreators的Mannequin印表機來自南韓，交貨時是幾乎扁平的套件包裝。它的X/Y軸支架是預先組裝的H-bot系統，大幅降低了組裝工作的難度。其餘部分的組裝也相當直覺式，只需要處理一些栓槽軸和板子。

OpenCreators只提供韓文的說明書，但靠著手冊中明確的圖解，我還是只花3小時就組裝完成（組裝印表機套件的個人新紀錄）。

Mannequin的底座完全採用鋼和鋁材質，讓這臺機器相當堅固。主要為美觀和降低通風設計的外殼是厚紙板材質，在正面有一扇裝上塑膠膜窗戶的門，以磁鐵固定。外殼的紙板有多種顏色可以選擇，而且因為輕量，有助於降低運送費用，當然也壓低了生產成本。如果有夠大的雷射切割機可以用，更可以設計自己喜歡的外殼。

常有不順

它有全彩的機上LCD螢幕，選單也和多數印表機採用的標準不同，但仍然很容易瀏覽和使用。我遇到的一次錯誤是成型平臺校正探針在測量程式碼執行完畢後無法收回；雖然我已經把英文設為使用語言，但出現的警告仍然是韓文。

測試列印的成品顯示Mannequin有一堆問題，但其中有很多應該可以用更好的Cura設定檔來調整，或是選購他們的Simplify3D設定檔（也可以自訂設定檔）。這些問題很多來自熱端溢出太多，而這應該可以透過調整塑料倒抽設定來解決。

有些問題對使用者來說就比較難處理。熱端裝有兩個吹過喉管的風扇來防止印表機卡住，但沒有風扇來冷卻列印成品。噴頭的溫度起伏很大，似乎需要PID調諧才能穩定。成型平臺校正程式碼在開關機循環後會停頓，要再一次開關機循環才能繼續運作。

結論

社群的支援將對這臺機器大有幫助。Mannequin有吸引人的簡單結構、不錯的成型尺寸和有趣的紙板外殼，但在解決它的各種問題之前，OpenCreators會很難在美國找到市場。

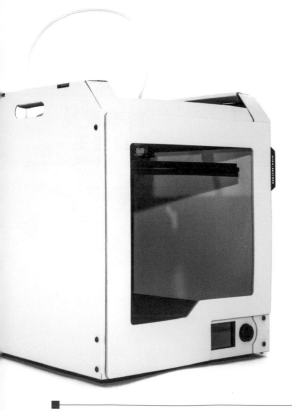

機器評比

	0 1 2 3 4 5
垂直表面精緻度	
水平表面精緻度	
尺寸精確度	
懸空測試	
橋接測試	
負空間公差	
回抽測試	
支撐材料	
Z軸共振測試	

總分 23

製造商	OpenCreators
測試時價格	$670美元
最大成型尺寸	200×200×200mm
列印平臺類型	無加熱纖維塑膠
線材尺寸	1.75mm
開放線材	有
溫度控制	工具頭有
離線列印	有（SD卡）
機上控制	有（LCD與控制按鈕）
控制介面／切層軟體	專用Cura
作業系統	僅Windows（但Cura設定檔可於其他作業系統匯入為各種版本）
韌體	Marlin
開放軟體	有
開放硬體	無
最大分貝	48.9

專業建議

將Xcarriage排線纏繞在鮑登管上，讓印表機在歸零的時候不會把它壓壞。每次的列印過程中我都需要對印表機進行開關機循環，否則成型平臺探針會卡住。

購買理由

雖然這款可以快速組裝的印表機在細節上有些粗糙，但它提供了很大的改造潛力。

試印結果

麥特・史特爾茲
Matt Stultz
是《MAKE》雜誌3D列印與數位製造的負責人，同時也是3DPPVD及位於羅德島州的Ocean State Maker Mill（海洋之州自造者磨坊）的創辦人暨負責人，他來自美國羅德島也時常在那兒敲敲打打。

opencreators.net

Matt Stultz

For more reviews and testing procedures, go to makezine.com/go/3dp-comparison.

超簡單機器人動手做

凱希・西塞里

420元　馥林文化

　　本書以平易近人的文字帶領讀者從基礎勞作出發，一步步走向時下藝術家與發明家開發的尖端產品。你將學習如何讓摺紙作品「動」起來、透過3D列印技術製作「輪足」機器人、或是寫程式讓布偶眨眨它的機器眼。在每一個專題當中，我們都會提供詳細的步驟說明，除了文字外，也輔以清晰易懂的圖表和照片。每一個專題最後，我們也會提供專題修正建議以及其拓展延伸的可能性。這樣一來，隨著技巧和經驗更上層樓，你可以一次又一次地研發改良，讓專題更加豐富多彩。

電路板設計快速上手：從EAGLE™開始學設計原理到電路板實作

西蒙・孟克

420元　馥林文化

　　從頭開始學習如何使用「EAGLE」製作出專業級的雙面電路板！EAGLE是一套功能強大又極具彈性的軟體。在本書的逐步教學中，電子電路達人西蒙・孟克會帶領您設計電路原理圖、轉成PCB佈局，並匯出成標準的Gerber檔，讓電路板製造商幫您把電路板完成品做出來。本書有豐富的圖示、實體照片與軟體擷圖，以及可下載的範例專題讓您可以馬上開始進行。現在就開始使用EAGLE™來設計您專屬的印刷電路板吧！

動手打造專屬四旋翼

唐納・諾里斯

480元　馥林文化

　　跟隨本書的腳步，製作一臺能夠起飛、著地、盤旋並翱翔天際的自製遙控飛行器，並使用Parallax ® Elev-8套件提升您的設計；透過一步一步的組裝流程與實驗，讓您立刻了解四旋翼可以執行的事情、知道如何連接Elev-8的零件、編寫微控制器的程式、使用GPS在四旋翼上且安全地操作。透過自行設定四旋翼返家功能、列隊飛行甚至人工智慧等有趣的教學，提升您的設計基礎並刺激您充滿創意的想法。

圖解電子實驗進階篇

查爾斯・普拉特

580元　馥林文化2月預定出版

　　電子學並不僅限於電阻、電容、電晶體和二極體。透過比較器、運算放大器和感測器，你還有多不勝數的專題可以製作，也別小看邏輯晶片的運算能力了！做為暢銷書《圖解電子實驗專題製作》（Make: Electronics）的進階篇，本書將為你帶來36個新實驗，幫助你提升專題的計算能力。讓《圖解電子實驗進階篇》帶領你走進運算放大器、比較器、計數器、編碼器、解碼器、多工器、移位暫存器、計時器、光帶、達靈頓陣列、光電晶體和多種感測器等元件的世界吧！

From Her Majesty's Secret Service

特勤局回函

文：詹姆士・柏克　譯：屠建明

佛茲先生您好：

　　感謝您應徵特勤局首席發明家的職位。雖然本局很欣賞您的大膽設計和想像力，我們並未預見您的作品領域能帶來的戰術優勢。

　　您的作品的確展示了典型的英式巧思，甚至可能是無人能及的，但我們實在沒有火箭腳踏車的用武之地，也無法做為辦公室的代步工具。雖然想要試乘的探員大排長龍，但他們對駕駛您的火箭腳踏車時膝蓋的安全稍微有一絲顧慮。

　　因此，我們必須婉拒您的職務應徵。然而，我們會將您的資料建檔，並於出現需要您特殊綜合技能的任務時與您聯繫。

　　以下是我的個人意見：雖然本局全球各單位目前無法借助您的專才，但我的小兒子建議您嘗試以拍攝網路影片為業。若未來本局有幸能與您進行業務合作，此類工作亦可做為您的完美掩護。

　　佛茲先生，感謝您的用心。我們將以期待之心情持續關注您的事業。

——C探員

2009年4月9日

Paul Burton

※將此虛線對摺

請務必勾選訂閱方案，繳費完成後，將以下讀者訂閱資料及繳費收據一起傳真至（02）2314-3621 或撕下寄回，始完成訂閱程序。

請勾選	訂閱方案	訂閱金額
☐	《MAKE》國際中文版一年＋限量 Maker hart《DU-ONE》一把， 自 vol._____ 期開始訂閱。※ 本優惠訂閱方案僅限 7 組名額，額滿為止	NT ＄3,999 元 （原價 NT$$6,560 元）
☐	自 vol._____ 起訂閱《Make》國際中文版 _____ 年（一年 6 期）※ vol.13（含）後適用	NT ＄1,140 元 （原價 NT$1,560 元）
☐	vol.1 至 vol.12 任選 4 本，_____	NT ＄1,140 元 （原價 NT$1,520 元）
☐	《Make》國際中文版單本第 _____ 期 ※ vol.1～Vol.12	NT ＄300 元 （原價 NT$380 元）
☐	《Make》國際中文版單本第 _____ 期 ※ vol.13（含）後適用	NT ＄200 元 （原價 NT$260 元）
☐	《Make》國際中文版一年＋ Ozone 控制板，第 _____ 期開始訂閱	NT ＄1,600 元 （原價 NT$2,250 元）
☐	《Make》國際中文版一年＋《自造世代》紀錄片 DVD，第 _____ 期開始訂閱	NT ＄1,680 元 （原價 NT$2,100 元）

※ 若是訂購 vol.12 前（含）之期數，一年期為 4 本；若自 vol.13 開始訂購，則一年期為 6 本。
（優惠訂閱方案於 2017 ／ 3 ／ 31 前有效）

訂戶姓名 ☐ 個人訂閱 ☐ 公司訂閱		☐ 先生 ☐ 小姐	生日	西元_____年 _____月_____日
手機			電話	（O） （H）
收件地址	☐ ☐ ☐			
電子郵件				
發票抬頭			統一編號	
發票地址	☐ 同收件地址　☐ 另列如右：			

請勾選付款方式：

☐ 信用卡資料（請務必詳實填寫）	信用卡別　☐ VISA　☐ MASTER　☐ JCB　☐ 聯合信用卡

信用卡號				－				－				－				發卡銀行	

有效日期		月		年	持卡人簽名（須與信用卡上簽名一致）	

授權碼		（簽名處旁三碼數字）	消費金額		消費日期	

☐ 郵政劃撥 （請將交易憑證連同本訂購單傳真或寄回）	劃撥帳號	1　9　4　2　3　5　4　3
	收款戶名	泰　電　電　業　股　份　有　限　公　司

☐ ATM 轉帳 （請將交易憑證連同本訂購單傳真或寄回）	銀行代號	0 0 5
	帳號	0　0　5 － 0　0　1 － 1　1　9 － 2　3　2

✂ 請沿虛線剪下